Von

der Entwicklung des Embryo

und

seiner Umhüllungen

im Pflanzen-Ey.

Von

Ludolf Christian Treviranus

d. A.-W. D., d. Nat. Gesch. u. Bot. Prof. zu Rostock, d. naturf. Gesellsch. Mekelnburgs, d. Ges. naturf. Fr. zu Berlin Mitgliede, d. Wetterau. Ges. f. d. Naturkunde Ehrenmitgliede.

Mit sechs Kupfertafeln.

Berlin, 1815.

In der Realschulbuchhandlung.

Dem Herrn

Geheimen Regierungsrath Krüger

in Schwerin

hochachtungsvoll zugeeignet

vom Verfasser.

Erklärung der Abbildungen.

Taf. 1.

Fig. 1. Pollen der *Ruppia maritima L.*

Fig. 2. Reife Nuſs der *Ruppia*, vom zelligen Ueberzuge entblöſst. *a.* Ovale Oeffnung, der eine zweyte auf der andern Seite der Nuſs entspricht. *. Natürliche Gröſse der Nuſs.

Fig. 3. Saame von der harten Schaale entblöſset. *. Nabel.

Fig. 4. Embryo nach hinweggenommenen Integumenten. *a.* Cotyledon. *b.* Warzenförmige Erhebungen der Substanz da, wo derselbe sich mit dem dicken Körper verbindet.

Fig. 5. Längsdurchschnitt der Frucht der *Ruppia*, die kaum den vierten Theil ihrer Gröſse hat. *a.* Nuſs. *b.* Integument. *c.* Embryo.

Fig. 6. Vergröſserte Gestalt des Embryo aus dieser Periode.

Fig. 7. Durchschnitt der Frucht aus einem späteren Zeitraume. *a. b. c.* wie in **Fig. 5.**

Fig. 8. Embryo dieser Periode vergröſsert.

Fig. 9. 10. Ferneres Wachsthum des Embryo.

Fig. 11. Beynahe reife Frucht. *a. b. c.* wie in **Fig. 5.**

Fig. 12. Durchschnitt eines Fruchtknotens von *Potamogeton natans L.* bald nach der Befruchtung. *a.* Narbe. *b.* Zellgewebe. *c.* Noch weiche Grundlage der Nuſs. *d. e.* Die beyden Häute des Eys, deren die innere, minder durchsichtige durch die äuſsere durchscheinet.

Fig. 13. Durchschnitt der beyden Häute des Eys *a. b.* an dessen unterer Extremität, woselbst das erste Rudiment des Embryo *c.* sich zeigt.

Fig. 14. Durchschnitt dieser Frucht in einem späteren Zeitraume. *a.* Zellgewebe. *b.* Nuſs, die zu erhärten anfängt. *c.* Saamenhäute, von welchen bey *d.* ein Segment weggenommen, wodurch man in die Höhle des Eys schauet. *e.* Embryo, welcher sich etwas verlängert hat.

Fig. 15. Embryo, noch mehr verlängert und sich krümmend, um auch in den andern Schenkel der Eyhöhle einzusteigen.

Fig. 16. Längsdurchschnitt der Frucht von *Sparganium ramosum L.* *a.* Griffel. *b.* Zellige Substanz. *c.* Grundlage der Nuſs mit dem enthaltenen Ey.

Fig. 17. Vergröſserte Darstellung des letzteren Theils. *a.* Grundlage der Nuſs. *b.* Integumente des Eys. *c.* Perispermium. *d.* Stelle, wo Integumente und Perisperm gelblich und minder durchsichtig sind.

Fig. 18. Nuſs in einem etwas späteren Zeitraume. *a — d.* wie in **Fig. 17.** *e.* Embryo.

Fig. 19. Fast reife Nuſs. Die Integumente sind so dünn geworden, daſs man sie nicht mehr wahrnimmt.

Fig. 20. Durchschnitt des Eyerstocks von *Elymus glaucifolius W.* kurz nach dem Abfallen der Zeugungstheile. *a.* Zellige Substanz des Eyerstocks. *b.* Grüne Haut, welche die äuſserste Umhüllung des Eys bildet. *c.* Perisperm, noch eingeschlossen in einem durchsichtigen Häutchen.

Fig. 21. Perisperm dieser Periode besonders, um das Häutchen, worin es eingeschlossen, sichtbar zu machen.

Fig. 22. Durchschnitt des Fruchtknotens aus einer späteren Periode. *a. b. c.* wie in **Fig. 20.** *d.* Furche an der Hinterseite des Fruchtknotens. *e.* Embryo.

Fig. 23. Untertheil vom Perisperm dieser Periode, welches noch mit dem zelligen Häutchen überzogen. *. Embryo, der sich hier auſserhalb des Perisperm bildet.

Taf. 2.

Fig. 24. Längsdurchschnitt des Fruchtknotens von ***Zea Mays L.*** bald nach der Befruchtung. *a*. Zellgewebe des Fruchtknotens. *b*. Stelle, wo der Griffel gesessen. *c*. Zellgewebe, welches künftig bey Ausdehnung des Perisperms die Integumente bildet. *d*. Perisperm. *e*. Scheibenförmiger drüsiger Körper, worin die Gefäfse des Nabelstrangs sich ausbreiten.

Fig. 25. Durchschnitt dieses Theiles aus einer späteren Periode. *a* — *e*. wie in Fig. 24. *f*. Höhle des Perisperms. *g*. Embryo im Entstehen.

Fig. 26. Durchschnitt der Frucht, die sich der Reife nähert. *a* — *e*. wie in Fig. 24. *f*. Schildförmiger Körper, an dessen Vorderseite der Embryo *g*. befestiget ist.

Fig. 27. Durchschnitt eines Saamenkorns vom Reis (*Oryza sativa*). *a*. Perispermium. *b*. Aeufsere *c*. Innere Haut, die hier abgesondert, weiterhin aber mit dem Perisperm verwachsen ist. *d*. Scutellum. *e*. Saftgang aus demselben in den Körper des Pflänzchens. *f*. Scheidensubstanz, welche die Knospe umschliefst und mit der Spitze frey unter den Häuten liegt. *g*. Würzelchen.

Fig. 28. Gekeimter Saame von *Avena nigra*. *a*. Pflänzchen, welches sich verlängert hat. *b*. Cotyledon. *c*. Saamendecken, worin die Ueberbleibsel des Perisperms enthalten.

Fig. 29. Kapsel von *Alisma Plantago L.*, die etwa zwey Drittheile der Reife hat. *a*. Kapsel. *b*. Ueberbleibsel des Griffels. *c*. Höhle für den Saamen. *d*. Nabelstrang. *e*. Häutige Umhüllungen des Embryo *f*. *. Natürliche Gröfse der Kapsel in dieser Periode.

Fig. 30. Die nemliche Frucht im Durchschnitt gleich nach der Befruchtung. *a* — *d* wie in Fig. 29. *e*. Hüllen des Eys, worin noch kein Embryo vorhanden.

Fig. 31. Das Perisperm aus dieser Periode besonders dargestellt.

Fig. 32. Dasselbe aus einer späteren Periode, wo der Embryo *. in dem einen Schenkel sichtbar ist.

Fig. 33. Der nemliche Theil aus einem noch späteren Zeitraume, wo der Embryo *. auch in den andern Schenkel einzusteigen anfängt.

Fig. 34. Ey von *Anthericum annuum L.* im frühesten Zeitraume untersucht. *a*. Zellgewebe, welches dasselbe von aufsen bekleidet. *b*. Aeufsere *c*. Innere Saamenhaut. *d*. Drüsige Stelle. *e*. Höhle des Eys.

Fig. 35. Das nemliche Ey, aus einer späteren Periode. *a* — *d*. wie in Fig. 34. *e*. Perisperm. *f*. Erstes Sichtbarwerden des Embryo.

Fig. 36. Ebendasselbe aus einem noch späteren Zeitraume. *a*. Integumente. *b*. Höhle des Eys. *c*. Perisperm. *d*. Embryo.

Fig. 37. Dasselbe, der Reife sich nähernd. *a*. Aeufserster zelliger Ueberzug. *b*. Integumente. *c*. Perisperm. *d*. Embryo.

Fig. 38. Ey von *Asphodelus luteus L.* vor dem Erscheinen des Embryo. *a*. Aeussere *b*. Innere Saamenhaut. *c*. Höhle des Eys, welche das häutige Perispermium auskleidet.

Fig. 39. Ey von *Ornithogalum rupestre L.* *a*. Innere Haut. b. Drüsige Stelle derselben. *c*. Perisperm. *d*. Embryo, welcher nebst seinem zelligen Strange in *. besonders vorgestellt ist.

Fig. 40. Ey von *Hydrocharis morsus Ranae L.* gleich nach der Befruchtung.

Fig. 41. Dasselbe etwas mehr ausgebildet. *a*. Höhle des Eys. *b*. Hüllen desselben. *c*. Zellgewebe, womit es von aufsen noch überzogen.

Fig. 42. Ebendasselbe aus einer noch späteren Periode. *. Sichtbarwerdender Embryo.

Fig. 43. Das nemliche Ey etwa halbreif. *a*. *b*. *c*. wie in Fig. 41. *d*. Embryo.

Fig. 44. Embryo aus diesem Zeitraume besonders.

Fig. 45. Innerstes der beyden Häutchen, welche den Embryo von *Triticum Spelta L.* an der Vorderseite bekleiden.

Fig. 46. Durchschnitt des Wurzelendes vom Embryo der *Canna indica L.* nach eingetretenem Keimen. *a*. Knospe. *b*. Hauptkörper des Pflänzchens. *c. c. c*. Würzelchen. *d*. Allgemeine Substanz des Embryo, welche dieselben einschliefset.

Taf. 3.

Fig. 47. Wurzelende des Embryo der *Canna*, durchschnitten nachdem das Keimen so weit vorgerückt, als Mirbel (*Ann. du mus. d'hist. nat. T. XVI. pl.* 16. *Canna ind. f.* 6.) vorstellet. *a*. Knospe. *b*. Herausgetretene Hauptwurzel. *c*. Vaginalsubstanz, welche sich ablöset.

Fig. 48. Durchschnitt des Eys von *Daphne mezereum L.* während der Befruchtung genommen. *a*. Eyerstock mit dem weiblichen Zeugungstheile. *b*. Höhle, worin zellige Fäden zum Ey gehen. *c*. Höhle des Eys. *d*. Innere *e*. Aeufsere Haut. *f*. Grundlage der Schaale, welche noch mit einer Lage von Zellgewebe umkleidet ist.

Fig. 49. Dasselbe aus einer späteren Periode. *a*. Grundlage des Perisperms. *b*. Gefäfsstrang. Die übrigen Theile sind bey der vorigen Figur erklärt.

Fig. 50. 51. 52. 53. 54. Successive Entwickelung dieses Eys. *a*. Embryo. *b*. Perisperm. *b b*. Höhle desselben. *c*. Innere *d*. Aeufsere *e*. Schaalige Haut. *f*. Gefäfsstrang, welcher durch eine Oeffnung der Schaale in die äufsere Haut eintritt.

Fig. 55. Dasselbe der Reife nahe. *a*. Embryo. *b*. Perisperm. *c*. Häute des Eys. *d*. Harte Schaale.

Fig. 56. Durchschnitt des Eyerstocks von *mirabilis Jalappa L.* bald nach der Befruchtung. *a*. Stelle wo der äufsere Kelch angesessen. *b*. Untertheil des innern Kelchs, welcher in der Folge die Nufs bildet. *c*. Schuppen, auf welchen die Staubfäden mit ihrem Untertheile befestiget sind. *d*. Eyerstock, welcher oben in den Griffel übergeht. *e*. Aeufsere *f*. Innere Haut des Eys. *g*. Raum für die Entwicklung des künftigen Embryo. *h*. Grundlage des Perisperms. *i*. Weifse fadige Substanz, welches die Basis des Eys innerhalb des Eyerstocks umgiebt. *k*. Gefäfsstrang, welcher aus dem Receptaculum ins Ey übergeht.

Fig. 57. Eyerstock von *mirabilis longiflora L.* aus einem etwas späteren Zeitraume. *a*. Eyerstock. *b*. Aeufsere *c*. Innere Haut. *d*. Perisperm, welches anfängt, sich im Mittelpuncte zu trüben. *e*. Embryo.

Fig. 58. Der nemliche Theil aus *mir. Jalappa*, noch mehr entwickelt. Die Bedeutung der einzelnen Theile erhellet aus der vorigen Figur.

Fig. 59. Gleiche Ansicht aus einem noch späteren Zeitraume. *a*. Sehr dünn gewordenes Ovarium, an welchem noch die Spur des Griffels zu sehen. *b*. Aeufsere und innere Haut bereits verwachsen. *c*. Perisperm. *d*. Embryo. *e*. Gefäfsstrang. *f*. Stelle wo die Absonderung des reifen Saamens geschiehet. *g*. Fadige Substanz.

Fig. 60. Ey von *mirab. Jalappa*, welches der Reife nahe ist. *. Nabel. Das Uebrige erklärt sich durch die vorige Figur.

Taf. 4.

Fig. 61. Eines der vier Ovarien von *Lithospermum arvense L.* gleich nach der Befruchtung. *a*. Zellige Grundlage der Nufs und äufseren Haut. *b*. Innere Haut. *c*. Höhle derselben. *d*. Gefäfsstrang, wodurch sie mit der äufseren Haut zusammenhängt.

Fig. 62. Dieselbe Frucht aus einem etwas späteren Zeitraume. *a*. Nufs und *b*. Aeussere Haut, welche sich nun gebildet haben. *c*. Embryo, welcher noch vom Perisperm und der inneren Haut umschlossen ist.

Fig. 63. Die innere Haut dieser Periode besonders dargestellt nebst dem in sie übergehenden Gefäfsstrange.

Fig. 64. Das noch häutige Perispermium dieses Zeitraumes, dem der Embryo * mittelst eines Stielchens adhärirt.

Fig. 65. 66. Successive Entwicklung des Embryo und seiner Umhüllungen. *a.* Perisperm. *b.* Embryo.

Fig. 67. Ey von *Asclepias nigra L.* gleich nach dem Abfallen der Zeugungstheile. *. Areola mit hellem Mittelpuncte, als erstes Erscheinen der inneren Haut.

Fig 68. Dasselbe etwas mehr entwickelt. *a.* Allgemeine Substanz des Eys oder äufsere Haut. *b.* Innere Haut. *c.* Gefäfsstrang, welcher von der Basis des Eys zur inneren Haut fortgeht. *d.* Haarschopf.

Fig. 69. Die innere Haut dieser Periode herausgenommen, ihr zelliges Gefüge und ihre Höhle sichtbar zu machen.

Fig. 70. Das nemliche Ey aus einem noch späteren Zeitraume. *a.* Innere Haut. *b.* Perisperm, welches sich in der Höhle derselben entwickelt hat.

Fig. 71. Diese innere Haut mit dem eingeschlossenen Perisperm besonders dargestellt.

Fig. 72. Noch mehr vorgerücktes Wachsthum des Eys. *a.* Aeufsere Haut, welche sich auf den Seiten flügelförmig ausbreitet. *b.* Perispermium, welches die innere Haut so verdrängt hat, dafs nichts mehr von ihr wahrzunehmen ist. *c.* Erstes Sichtbarwerden des Embryo. *d.* Haarschopf.

Fig. 73. Perisperm mit dem eingeschlossenen Embryo *. aus einer noch späteren Periode besonders dargestellt.

Fig. 74. Durchschnitt des reifen Saamens von *Arctium Bardana W.* *a.* Substanz des Eyerstocks. *b.* Aeufsere *c.* Innere Haut. *d.* Perisperm. *e.* Embryo.

Fig. 75. Queerdurchschnitt eines Eyerstocks dieser Pflanze am oberen Theile. *a.* Substanz des Eyerstocks. *b.* Aeufsere Haut. *c.* Innere, welche aus zwey Lagen zu bestehen scheint und im Mittelpunkte eine Höhle hat. *d.* Ein durchschnittener Gefäfsbündel, im Umfange der inneren Haut laufend.

Fig. 76. Längsdurchschnitt dieses Theils aus dieser Periode. *a. b. c.* wie in Fig. 75. *d.* Bläschen, welches erstes Rudiment des Perisperms ist. *e.* Zelliger Strang, welcher sich von dessen Spitze nach oben verlängert.

Fig. 77. Die nemliche Ansicht aus einem etwas späteren Zeitraume. *. Rudiment des Perisperms mit seinem Strange, welcher Theil in

Fig. 78. sich besonders und mehr vergröfsert darstellt.

Fig. 79. Die innere Haut aus einer noch späteren Zeit ohne die äufsere, um die weitere Entwickelung des Perisperms *a.* und das erste Sichtbarwerden des Embryo *b.* zu zeigen.

Fig. 80. Das Perisperm aus dieser Zeit besonders. *. Embryo.

Fig. 81. Noch mehr entwickeltes Innere des Eys von *Arctium.* *a.* Gefäfs, welches in der inneren Haut aufsteiget. *b.* Perisperm. *c.* Embryo.

Taf. 5.

Fig, 82. Ey von *Scabiosa stellata L.* gleich nach der Befruchtung der Länge nach durchschnitten. *a.* Aeufsere Haut. *b.* Zellige Substanz, welche hernach sich in die innere Haut verwandelt. *c.* Höhle des Eys, worin sich bereits die Grundlage des Perisperms zu befinden scheint. *d.* Gefäfsstrang, welcher zu derselben geht.

Fig. 83. 84. Dasselbe, etwas mehr entwickelt. Die äufserste Hülle ist hier weggenommen. *a.* Zellgewebe der inneren Haut. *b.* Höhle des Eys, welche bereits mit dem Perisperm erfüllt ist.

Fig. 85. Die nemliche Ansicht aus einem späteren Zeitraume. *a.* Aeufsere *b.* Innere Haut. *c.* Gefäfsstrang, welcher zur Höhle des Eys geht. *d.* Perisperm. *e.* Embryo.

Fig. 86. Dieselbe aus einer noch späteren Periode; es ist blofs der äufsere besondere Kelch weggenommen. *a.* Eyerstock, von aufsen mit Haaren bekleidet. *b.* Aeussere *c.* Innere Haut. *d. e.* wie in Fig. 85.

Fig. 87. Durchschnitt einer der drey Beeren von *Tropaeolum majus L.* gleich nach abgefallenen Zeugungstheilen. *a.* Substanz der Beere. *b.* Gefäfsbündel, welcher dieselbe im Halbcirkel durchläuft. *c.* Höhle derselben, die durch das Ey ausgefüllt wird. *d.* Drüsige Substanz, welche den Obertheil des Eys bildet. *e.* Gefäſsstrang, aus dem Receptaculum in das Ey tretend.

Fig. 88. Das Ey für sich in einem etwas späteren Zeitraume in der nemlichen Richtung durchschnitten. *a.* Gefäſsbündel. *b.* Unterer zelliger *c.* Oberer drüsiger Theil der inneren Haut. *d.* Zelliger Strang, welcher um das Ey läuft. *e.* Stelle, wo er die Integumente durchdringt und übergeht in *f.* den gleichfalls zelligen Strang, woran der noch kugelförmige Embryo in der Eyhöhle hängt.

Fig. 89. Dasselbe mit dem Embryo *, an welchem die erste Entwicklung der Cotyledonen wahrzunehmen.

Fig. 90. Noch späterer Zustand dieser Frucht. *a.* Beere. *b.* Integumente des Eys; beyde sind um vieles dünner geworden: dagegen *c.* der Embryo mit seinen im Durchschnitte dargestellten Cotyledonen schon sehr entwickelt ist.

Fig. 91. Ey der *Lavatera triangularis Humb.* bald nach der Befruchtung. *a.* Zellgewebslage, welche in der Folge den Arillus bildet. *b.* Aeuſsere *c.* Innere Haut. *d.* Perisperm, welches bereits die Höhle des Eys erfüllet.

Fig. 92. Dasselbe in einem späteren Zeitraume, wo die Integumente um vieles dünner geworden. *a.* Perisperm. *b.* Embryo.

Fig. 93. Früheſtes Erscheinen des Eys von *Linum austriacum L.* im Längsdurchschnitte. *a.* Nabelstrang *b.* Gefäſsbündel, welcher sich von demselben fortsetzet. *c.* Aeuſsere *d.* Innere Haut. *e.* Höhle des Eys.

Fig. 94. Der nemliche Durchschnitt bey entwickelteren Theilen. *a — d.* wie in Fig. 90. *e.* Höhle des Eys, welche bereits mit dem Perisperm erfüllt ist, in dessen oberer Extremität sich der Embryo zeigt. *f.* Strang, welcher durch das Zellgewebe der inneren Haut zum unteren Ende geht.

Fig. 95. Das Perisperm aus dieser Periode mehr vergröſsert. *a.* Zellige Substanz der innern Haut. *b.* Höhle des Perisperms. *c.* Embryo, welcher an einem zarten Zellenstrange befestiget ist.

Fig. 96. Noch etwas später genommene Ansicht dieses Eys. *a.* Substanz der äuſsern Haut, welche hier durch einen Riſs der inneren sichtbar wird, von dessen unterer Extremität der Strang *c.* ausgehet. *d.* Embryo, an welchem sich die Cotyledonen zu entwickeln anfangen.

Fig. 97. Frucht von *Prunus domestica L.* kurz nach der Befruchtung. *a.* Zellgewebe des Eyerstocks. *b.* Untertheil des Griffels. *c.* Gefäſsstrang, welcher sich in das Ey begiebt. *d.* Aeuſsere *e.* Innere Haut. *f.* Höhle des Eys.

Fig. 98. Das Ey der nemlichen Frucht, 14 Tage nach dem ersten Zeitraume. *a.* Aeuſsere *b.* Innere Haut. *c.* Erweiterung in der unteren Extremität der Eyhöhle, welche mit einem Häutchen ausgekleidet scheint. *d.* Stelle, wo das Ey in der Fruchthöhle anhängt.

Fig. 99. Das nemliche, vier Wochen nach der ersten Periode unter schwacher Vergröſserung. *a.* Untere erweiterte Extremität des Perisperms. *b.* Oberes bereits unter zelliger Form erscheinendes Ende.

Fig. 100. Der obere Theil dieses Eys, etwas mehr vergröſsert. *a.* Aeuſsere *b.* Innere Haut. *c.* Perisperm. *d.* Embryo.

Fig. 101. Ebendieselbe Frucht, sechs Wochen nach der ersten Fig. 97. dargestellten Ansicht durchschnitten und in natürlicher Gröſse betrachtet. *a.* Fleischige Fruchtsubstanz. *b.* Kerngehäuse. *c.* Perisperm.

Fig. 102. Der obere Theil des Eys dieser Periode mehr vergröſsert. *a.* Aeuſsere *b.* Innere Haut. *c.* Höhle derselben. *d.* Perisperm. *e.* Embryo, welcher unter *. besonders dargestellt mit seinen Cotyledonen und dem kleinen Strange, durch den er befestiget ist.

Fig. 103. Ey von *Phaseolus vulgaris L.* einige Tage nach dem Welken der Blüththeile. *a.* Häute des Eys. *b.* Höhle desselben. *c.* Drüsiger Körper an der Oberfläche der innern Haut. *d.* Gefäfsbündel, welcher aus dem Nabelstrange zu demselben geht.

Fig. 104. Dasselbe mehr verwachsen. *a.* Aeufsere *b.* Innere Haut. *c. d.* wie in Fig. 103. *e.* Embryo. *f.* Zartes Häutchen, dessen unterer verdickter Theil als Perisperm den Embryo umschliefset.

Taf. 6.

Fig. 105. Ey von *Phaseolus* aus einer noch späteren Periode. *a.* Drüsiger Körper. *b.* Embryo. *c.* Perispermium. *d.* Zartes Häutchen, welches sich von demselben fortsetzet.

Fig. 106. Ey des *Astragalus alopecuroides L.* *a.* Aeufsere *b.* Innere Haut. *c.* Drüsige Substanz. *d.* Perisperm. *e.* Embryo nebst seiner zelligen Unterlage.

Fig. 107. Das nemliche Ey mehr entwickelt. *a* — *e.* wie in der vorigen Figur. *f.* Häutchen, welches vom Perisperm zur drüsigen Substanz geht.

Fig. 108. Ey von *Pisum sativum L.* im früheesten Zustande. *a.* Kugelförmiger Embryo. *b.* Strang, an welchem derselbe hängt. *c.* Perisperm. *d.* Häute des Eys.

Fig. 109. Dasselbe aus einem späteren Zeitraume. *a* — *d.* wie in Fig. 108.

Fig. 110. Ey von *Lupinus hirsutus L.* kurz nach der Befruchtung. *a.* Häute desselben. *b.* Dessen Höhle, mit einem Netze von grünen Adern ausgekleidet. *c.* Drüsige Substanz.

Fig. 111. Dasselbe etwas mehr entwickelt. *a.* Integumente. *b.* Drüsige Substanz. *c.* Zelliger Strang, welcher durch die Axe der Eyhöhle von der einen Extremität zur andern geht.

Fig. 112. Dasselbe aus einem noch späteren Zeitraume. *a.* Aeufsere *b.* Innere Haut. *c.* Drüsige Substanz. *d.* Zelliger Strang, an dessen Ende der Embryo *e.* sich zeigt. *f.* Perispermium.

Fig. 113. Halbreifes Ey der nemlichen Pflanze. *a.* Embryo. *b.* Perispermium.

Fig. 114. Durchschnitt einer Fruchtkapsel von *Euphorbia Lathyris L.* unmittelbar nach der Befruchtung. *a.* Zellgewebe, welches künftig die Kapsel bildet. *b.* Schwammige Substanz. *c.* Grundlage der Nufs *d.* der äufseren *e.* der inneren Haut des Eys. *f.* Kleinzellige drüsige Substanz der inneren Haut, welche den Höhlenanhang umschliefset. *g.* Höhle des Eys, worin das häutige Perispermium bereits sichtbar.

Fig. 115. Gedachtes Ey, von den übrigen Bekleidungen entblöfst, aus einer etwas späteren Epoche. *a.* Aeufsere *b.* Innere Haut. *c.* Drüsige Substanz. *d.* Gelblicher Körper an der inneren Oberfläche derselben. *e.* Perispermium. *f.* Embryo.

Fig. 116. Dasselbe aus einem noch späteren Zeitraume. *a. b. c.* wie in Fig. 115. *d.* Gefäfsstrang, welcher durch eine Oeffnung der Nufs *e.* eindringt und sich auf der drüsigen Substanz der inneren Haut strahlenförmig ausbreitet. *f.* Raum, welcher mit dem Perisperm ausgefüllet. *g.* Embryo.

Fig. 117. Das nemliche, sich der Reife nähernd. *a* — *d.* wie in Fig. 116. *e.* Perisperm. *f.* Embryo. *g.* Höhle des Perisperms. *h.* Nufs.

Fig. 118. Ey von *momordica Elaterium L.* einige Tage nach der Befruchtung. *a.* Schaalige *b.* Aeufsere *c.* Innere Haut. *d.* Höhle des Eys. *e.* Häutige Grundlage des Perisperms.

Fig. 119. Dasselbe etwas mehr erwachsen. *a.* Schaalige *b.* Aeufsere und innere Haut. *c.* Höhle der letzteren. *d.* Perisperm, in welchem der Embryo als ein Kügelchen sichtbar geworden.

Fig. 120. 121. Das nemliche Ey in fortschreitender Entwicklung. *a.* Schaalige *b.* Aeufsere Haut mit ihrem Gefäfsstrange. *c.* Innere Haut. *d.* Perisperm. *e.* Embryo.

Von

der Entwicklung des Embryo

und

seiner Umhüllungen

im Pflanzen-Ey.

§. 1.

Einleitung.

„Keine erhabnere Lehre," sagt Harvey [1]), „kann erfunden, keine nützlichere erlernt werden, als: wie alles (Lebende) aus einem gleichförmigen Stoffe zum Seyn gelange; wie Gleiches immer Gleiches hervorbringe?" Um aber dieses Zeugungsgeschäft zu begreifen, insoweit es unserm eingeschränkten Verstande möglich, ist nicht hinreichend, dafs wir den Vorgang, durch den die Grundlage eines neuen belebten Wesens der nemlichen Art gelegt wird, aufklären. Sondern wir müssen versuchen, auch diejenigen inneren und äufseren Entwickelungen aufzuzeigen, durch welche derselbe zu der Ausbildung gelangt, bei welcher er sich von dem mütterlichen Körper trennen und ein eigenes Leben anfangen kann. Vortreffliche Beobachter älterer und neuerer Zeiten haben dieses für den thierischen Fötus zu leisten sich bemüht: desto weniger ist für das Pflanzenreich in dieser Lehre geschehen, und wenn man die Arbeiten des Malpighi ausnimmt, der mit bewundernswürdiger Geschicklichkeit und Ausdauer auch diesen schwierigen Gegenstand verfolgte [2]), so ist das, was sonst über diesen Gegenstand geschrieben worden, kaum der Beachtung werth. Es hat aber diese für die Physiologie so ungemein wichtige Lehre in unsern Zeiten noch von einer andern Seite her ein

1) *De generat. animal. Exerc. de conceptione.*

2) *De seminum generatione. Opp. omn. Lond. 1686. T. I. 57 — 63.*

Interesse bekommen. Bei der Zergliederung des Pflanzensaamens zum botanischen Behufe nehmlich hat man zwar einstimmig mehrere Umhüllungen des Embryo erkannt: allein über die Zahl und Allgemeinheit derselben ist man sehr verschiedener Meinung. Indem z. B. Sprengel [1]) nur zwey Hüllen annimmt, die er Lederhaut und Keimsack *(amnios)* nennt, konnte er von dem letzteren Malpighi's *sacculus colliquamenti* nicht unterscheiden. Gärtner [2]) statuirt bekanntlich zwey Klassen von Saamen, *semina albuminosa* und *exalbuminosa;* er gestehet aber, daſs diese Distinction nur zum Behufe der systematischen Unterscheidung sey, indem er das Eyweiſs in solchen Fällen, wo es nur ein dünnes Blättchen oder mit den übrigen Theilen verwachsen ist, übersehen zu müssen glaubt. Sehr verschieden ist er dabei in Aufzählung der übrigen Integumente des Saamen; er findet deren znweilen drey, meistens zwey, oft auch nur eines, und indem er in Beschreibung der Hüllen, aus denen das Pflanzeney bestehet, den Benennungen Malpighi's folget [3]), läſst er uns über das Verhältniſs derselben zu denen des reifen Saamen manche Zweifel zurück. Mirbel [4]) hatte bemerkt, daſs das Perispermium (Gärtners Eyweiſs) weit öfter vorhanden sey, als Gärtner angegeben; er glaubt aber, daſs dasselbe als innere Saamenhaut nur verkannt worden, und stellt daher den Grundsatz auf [5]): „daſs jedes homogene Zellgewebe, welches von der äussern Haut unterschieden und welches den Embryo unmittelbar decke, ein Perisperm sey, wie verschieden übrigens seine Dicke und die Natur der „*substance inorganisée*," die seine Höhlungen erfüllt, seyn möge." Richard [6]) und Correa de Serra [7])

---

1) Vom Bau und der Natur der Gewächse. 594.

2) *De fructibus et seminibus plant. T. I. Introduct. Cap. X.*

3) A. a. O. Cap. III.

4) *Mem. sur l'Anatomie et la Physiol. des Labiées. (Ann. du Mus. d'Hist. nat. T. XV.) Chap. IX.*

5) A. a. O. 251.

6) *Analyse du fruit.* 38.

7) *Sur la valeur du perisperme etc. (Ann. du Mus. d'Hist. nat. T. XVIII.)*

statuiren gleichfalls ein weit allgemeineres Vorkommen des Perisperms, als Gärtner; zugleich hält ersterer sich für bewogen, die Selbstständigkeit der inneren Saamenhaut zu läugnen [1]), indem er sie nur als die innere Lamina der äufseren betrachtet wissen will.

Diese verschiedenen Meinungeu zu vereinigen scheint nichts mehr geeignet, als jene Umhüllungen in derjenigen Periode zu beobachten, wo sie ihren Hauptzweck haben, nemlich bei der Bildung des Embryo und die Veränderungen derselben bis dahin zu verfolgen, wo der Saame aus dem mütterlichen Schoofse entlassen wird. Diese Untersuchung indessen hat ihre grofsen Schwierigkeiten wegen der Zartheit und gallertartigen Beschaffenheit der Theile. „Die ersten Entwürfe der Natur," sagt Harvey [2]), „sind gemeiniglich wie in tiefer Nacht verborgen und machen durch ihre Zartheit alle Schärfe sowohl des Verstandes, als des Auges zu Schanden." Der Verfasser hoffet daher von denen, die mit diesen Schwierigkeiten aus eigener Erfahrung nicht unbekannt sind, Nachsicht, wenn er einerseits, ihm selber unbewufst, geirrt haben sollte, andrerseits diese Untersuchungen nicht soweit geführt hat, als er selber es wünschte und der Gegenstand erforderte. Auf einem noch so wenig angebauten Felde kann von Einem nicht alles geleistet werden; glücklich genug, wenn er auch für andere den Saamen gestreuet hat!

Um aber bei den folgenden Erörterungen desto kürzer seyn zu können, wird es nöthig seyn, den einzelnen Theilen und Häuten des werdenden Saamenkorns eine bestimmte Benennung zu geben, deren Rechtfertigung nur dann geschehen kann, wenn von den Veränderngen derselben bis zu dessen Reife die Rede gewesen seyn wird. Der Pflanzensaame, in welchem die Theile noch unausgebildet sind, ist ein blofses Ey *(ovulum)*. Dieses bedarf, damit es sich entwickle und reife, der Bedeckung, die ihm durch den Eyerstock *(ovarium)* zu Theil wird, in

---

1) A. a. O. 34.

2) *L. c. Exerc. XIV. De generatione foetus ex ovo gallinaceo.*

dessen Höhle *(cavitas ovarii)* es liegt. Es bestehet aus den Integumenten und den darin eingeschlossenen Theilen. Jene sind zwey an der Zahl, nehmlich die äuſsere Haut *(membrana externa*, von Gärtner *testa* genannt) und die innere *(m. interna)*. Letztere schlieſset eine Höhle ein *(ovuli cavitas)* innerhalb deren der Embryo *(Malpighi's plantula)* sich entwickelt und dieses entweder unmittelbar oder indem er in einer andern Haut *(perispermium)* eingeschlossen ist, deren Höhle *(cavitas perispermii)* dann seine unmittelbarste Wohnung ist, auſserdem aber ein Wasser *(liquor perispermaticus)* enthält. Am Embryo ist zu unterscheiden das Wurzelende *(extremitas radicularis)*, das Cotyledonar- oder Centralende *(extr. cotyledonaris, centralis)*, der Mittelkörper *(corpus)* und die Knospe *(gemmula)*. Diejenige Gegend des Eys, wo dasselbe in der Höhle des Eyerstocks anhängt, ist als der Grund *(basis)* desselben und die dieser entsprechende Extremität der Höhle des Eys gleichfalls als deren unteres Ende *(extremitas inferior)* zu betrachten.

Erster Abschnitt.

Monocotyledonen.

§. 2.

Ruppia maritima L.

Die Folge der Gattungen im natürlichen Systeme ist unstreitig die angemessenste für nnsere gegenwärtigen Untersuchungen; wir machen daher mit den Monocotyledonen und unter diesen mit den Najaden den Anfang. Hier finden wir unter mehreren Gattungen *Ruppia L.* und *Potamogeton T.* die in der Bildung ihrer Blüt- und Fruchttheile viele

Uebereinstimmung darbieten. Bei *Ruppia* bestehet die Blüthe in einer gestielten Aehre von zwei bis drei Blumen, deren jede, ohne Kelch und Krone zu haben, durch vier Staubgefäſse, welche vier Griffel einschlieſsen, gebildet wird [1]. Die Fruchtknoten sitzen auf ganz kurzen Stielen, welche aber nach der Befruchtung sich sehr verlängern. Die birnförmige Frucht zeigt unter einem Ueberzuge von Zellgewebe, welcher bei eingetretener Reife sich stückweise ablöset, eine dünnschaalige, schwarze, einsaamige Nuſs, die seitwärts der Spitze zwei ovale Löcher [2] hat, welche dem Nabel correspondiren. Der Saame scheint nur ein einziges Integument zu haben [3], an welchem der Nabel sich befindet [4]: allein durch eine behutsame Manipulation läſst sich diese leicht in zwei trennen, die dann als äuſsere und innere Haut betrachtet werden müssen. Der Embryo besteht aus einem rundlichen fleischigen Körper und einem cylindrischen Fortsatze [5], welcher sich in eine Furche jenes dicken Körpers legt und unstreitig als der Cotyledon anzusehen ist. Da wo dieser Fortsatz sich mit dem Hauptkörper verbindet, bemerkt man einige Wärzchen [6].

Verfolgt man diese Frucht in ihren verschiedenen Entwicklungsperioden, so ist diejenige, wo sie etwa den vierten Theil ihrer Gröſse erreicht hat und noch sehr durchscheinend ist, die, wo man zuerst etwas mit Bestimmtheit wahrnimmt. Ein in die Länge geführter vertikaler Durchschnitt zeigt dann unter der allgemeinen Hülle zwei zellige Häute oder Säcke [7],

1) Persoon hält für wahrscheinlich, daſs diese Pflanze zur Monoecie gehöre (*Synops. pl. I.* 153): aber an der Ostseeküste kömmt sie nur hermaphroditisch vor. Das Pollen bildet bauchige, oft gekrümmte, auf jedem der beiden Enden mit einem Knöpfchen versehene Cylinder, die mehrentheils in Reihen zusammenhangen. Fig. 1.

2) Fig. 2. *a.*

3) J. Gärtn. *de fruct. et semin. II.* 24.

4) Fig. 3. *.

5) Richard *Analyse botanique des Embryons endorhizes ou monocotylédonés. (Ann. du Mus. d'Hist. natur. T. XVII) Pl. V. f.* 42. 43.

6) Fig. 4. *b.* 7) Fig. 5. *a. b.*

welche sich genau berühren und die nach Verhältnifs ziemlich geräumige Höhle des Eys einschliefsen. Die äufsere derselben ist die noch weiche und durchsichtige Grundlage der künftigen Nufs; die innere aber trennt sich bei der Untersuchung in zwei Lagen, welche innere und äufsere Saamenhaut zu nennen sind. In der Basis der Höhle zeigt sich der Embryo als ein rundes Knöpfchen, welches nur am einen Ende etwas spitzer ist [1]). In einem etwas späteren Zeitraume siehet man gedachte Höhle vergröfsert, so wie die Spitze am oberen Ende des Embryo nun mehr hervorgezogen [2]). Das Gefüge desselben ist zellig und seine Centralsubstanz minder durchsichtig. Mit zunehmender Gröfse der Frucht wird ihre grüne Farbe blässer und an der Basis fängt sie an, röthlich zu werden. Am Embryo hat dann der cylindrische Fortsatz, den wir für den Cotyledon erkannt, sich verlängert und steht schief in die Höhe, ohne sich an den dicken Hauptkörper zu legen [3]). Endlich wird die Nufs schwarz und undurchsichtig, und sondert sich von den unmittelbaren Saamenhäuten ab, deren Höhle der vollkommen gestaltete Embryo nun ganz ausfüllet [4]).

§. 3.
Würzelchen und Perisperm der *Ruppia*.

Aus dieser Beschreibung erhellet, das ein vom Embryo unterschiedenes Perispermium sich bei der *Ruppia* in keiner Periode der Fruchtentwicklung zeige: indessen frägt es sich, als was der dicke Körper zu betrachten sey, der dem Cotyledonarfortsatz, in dessen Basis man die eingeschlossene Knospe gewahr wird [5]), zur Grundlage dienet. Richard eignet den Gattungen *Ruppia*, *Zostera*, *Hydrocharis*, *Nelumbo* einen *embryon macropode* zu, d. i. einen Embryo, bei welchem das Wurzelende

1) Fig. 5. c. und Fig. 6. 2) Fig. 7. c. und Fig. 8. 3) Fig. 9. 10. 4) Fig. 11.
5) Richard a. a. C. Pl. V. f. 43.

ende das andere an Dicke und Umfang weit übertrifft [1]), und er findet eine Annäherung dazu bei der Gattung *Zannichellia*. Ferner sucht er zu zeigen, dafs eben der dicke, zuweilen gespaltene Theil, welcher den Hauptkörper des Embryo bei den *macropodes*, die nicht Gräser sind, ausmacht, die Wurzel sey, und stellt zu dem Ende den Satz auf: dafs der Punkt, von wo die Knospe ausgehe, die Gränze bilde zwischen Cotyledon und Würzelchen, so dafs alles, was vom Embryo sich über denselben befinde, Cotyledon, alles, was unter demselben, Würzelchen sey [2]). Dieser Grundsatz, sagt er, der bei den *exorhizes* allgemein angenommen sey, erhalte durch ihn hier bei den *endorhizes* [3]) nur eine allgemeinere Anwendung. Allein wenn man auch diesen Grundsatz für die gewöhnlichen Fälle gelten läfst, wo Würzelchen und Knospe sich an entgegengesetzten Enden eines cylindrischen Embryo befinden, so findet er doch dann keine Anwendung, wenn dieses Verhältnifs durchaus verändert ist. Und ist selbst im ersteren Falle nicht zwischen Wurzel und Knospe noch der Hauptkörper, der doch auch auf Unkosten der übrigen Theile sich vergröfsern kann? Richtiger möchte es daher seyn, Würzelchen nur das zu nennen, was sich, wie auch die Lage seyn mag, beim Keimen verlängert, um die Nahrung für das künftige Pflänzchen einzusaugen. Richards Schlufs [4]), dafs, wenn man bei *Zannichellia* den unter der Knospe befindlichen Theil des Embryo Würzelchen *(radicule)* nenne, man bei *Zostera*, *Ruppia* u. s. w. jenen dicken Körper eben so benennen müsse, ist daher nicht ganz richtig. Denn einerseits ist auch jener

1) A. a. O. 452. 2) A. a. O. 4'3.

3) *Endorhizes* sind bei Richard solche Embryonen, deren Würzelchen sich in einer Substanz eingeschlossen befindet, welche einen Theil des Embryo selber ausmacht und die es beim Keimen durchbrechen mufs da bei den *exorhizes* das Radikularende des Embryo selber das Würzelchen ist, welches sich beim Keimen verlangert. Erstere sind, mit wenigen Ausnahmen, die Monocotyledonen, letztere die Dicotyledonen anderer Schriftsteller *(Analyse du fruit. Art. IV.)*

4) *Anal. botan des Embryons endorhizes.* 455.

Theil nicht ganz Würzelchen zu nennen, so wenig, als bei *Potamogeton*, sondern nur seine Extremität: andrerseits finden wir in diesem Ende das eigentliche Würzelchen (Richards *radicelle*) noch eingeschlossen [1]), dergleichen bei *Ruppia* und *Zostera* durchaus nicht wahrzunehmen ist.

Eine weit richtigere Ansicht scheint daher Gärtner zu haben, wenn er den mehrgedachten dicken Körper dem Eyweifs (Jussieu's Perispermium) verwandt hält. Da aber derselbe hier mit den übrigen Theilen des Embryo organisch verbunden ist, so wagt er es nicht, ihn dafür zu erklären, sondern nennt ihn Dotter (*vitellus*) [2]). Allein sollte jener Umstand eine so bedeutende Verschiedenheit machen? Wir wissen ja, dafs die ernährende Materie des Perisperms beim Keimen erschöpft und zum Besten des Embryo verwandt wird: daher beide, obschon von verschiedener Substanz, doch alsdann fest zusammenkleben. Sollte demnach der dicke Körper nicht ein Perispermium seyn, welches mit dem Embryo verwachsen? Richard bemerkt selber vom *Hippocastanum vulgare G.* [3]), dafs das Radikularende des Embryo hier unmittelbar in die Substanz des Perisperms dringe, und er findet viele Aehnlichkeit zwischen diesem Embryo und dem der *Ruppia*, nur das letzterer umgekehrt ist [4]). Für die obige Vermuthung spricht ferner: dafs man bei den *endorhizes macropodes nongraminées* des Richard kein weiteres Perisperm wahrnimmt, dergleichen sonst alle *Endorhizes* haben; wie auch, dafs das härtliche Zellgewebe, aus welchem der dicke Körper der *Ruppia* bestehet, ganz mit durchsichtigen, grofsen Mehlkörnern erfüllt und ohne alle Fasersubstanz ist; eine Organisation, die man nur beim Perisperm, nicht aber beim Würzelchen wahrnimmt. Dagegen ist die Struktur des cylindrischen Fortsatzes ganz die eines Embryo, nemlich teigig und voll eines feinkörnigen, das Wasser trübenden Saftes. Da also die Hauptwurzel hier in das Perisperm eingesenkt und mit ihm verwachsen ist, so kann sie

1) Richard a. a. O. Pl. I. f. 35. 2) *De fr. et sem. I.* CXLVII. 3) *Anal. du fruit.* 43.
4) A. a. O. 89.

sich beim Keimen nicht entwickeln, sondern nur die Seitenwürzelchen, die vor dem Keimen sich in Gestalt von Wärzchen an der Verbindung des cylindrischen Fortsatzes mit dem dicken Körper zeigen. Daſs es so sey, lehrt auch die Art, wie dieser Saame keimt, worüber uns Richard [1]) vortreffliche Beobachtungen mitgetheilet.

§. 4.

Potamogeton natans L.

Die Evolution des Saamen von *Potamogeton natans* hat mit der, welche wir bei *Ruppia* wahrgenommen, die gröſste Aehnlichkeit. Die Frucht ist hier eine zusammengedrückte, eyförmige, oberwärts nach einer Seite spitz zulaufende trockne Beere. Die eingeschlossene Nuſs hat zwei Schenkel, einen längeren dickeren, und einen kürzeren dünneren; im ersteren befindet sich das dickere Radikularende, im letzteren der Cotyledon des gekrümmten Embryo [2]). Derselbe ist nach Gärtner mit keinem Perisperm, sondern nur mit einem einfachen, dünnen und häutigen Integument bekleidet, von welchem Richard mit Recht bemerket, daſs es seinen Befestigungspunkt am Cotyledonarende des Embryo habe, so daſs der Saame, da dieser Punkt höher denn der andere liegt, als hängend und der Embryo als umgekehrt betrachtet wird. Was nun die Entwicklung des Ovuli betrifft, so nehme man einen Durchschnitt eines der vier Fruchtknoten, bald nach der Befruchtung, wo sie noch nicht über den Kelch hinausragen [3]). Unter der allgemeinen zelligen Substanz siehet man dann die kaum erst angelegte, gleich dem übrigen Zellgewebe noch völlig weiche Nuſs, und innerhalb derselben die beiden Häute des Eys. Sie sind von zelligem Gefüge und überall von einander getrennt, so daſs die innere sich aus der äuſseren unversehrt herausnehmen läſst.

1) *Anal. bot. des Embr. endo hizes Pl. V. f.* 58. 2) Richard l. c. Pl. I. f. 34. 35.
3) Fig. 12.

Jene ist minder durchsichtig als diese, und hat auf beiden Extremitäten eine dunklere Stelle. Von einem Embryo ist noch nichts zu sehen. — Ist etwa ein Drittel des Wachsthums zurückgelegt, so sind die Zellen der inneren Haut ausgedehnter, sie selber dicker und durchsichtiger [1]), auch schliefset sie sich der äufseren genauer an. Jetzt wird man den Embryo in demjenigen Ende der Eyhöhle, wo im reifen Saamen das Würzelchen liegt, gewahr in Gestalt eines Kügelchens, welches durch einen kleinen zelligen Strang am Grunde befestiget ist. Noch ist das Zellgewebe, welches die künftige Nufs bilden soll, weich und läfst sich leicht durchschneiden. Der Embryo wächset nun nach oben, indem er sich zuspitzet [2]). Zugleich krümmet er sich, um auch in den andern Schenkel der Höhle einzusteigen, den er endlich ganz erfüllet; wobei er das Zellgewebe der innern Haut zusammendrückt, die nun saftleer wird und nicht mehr von der äufseren zu trennen ist.

Es ist nicht zu zweifeln, dafs die nemliche Art der Entwicklung bey *Najas marina L.* Statt finde: denn der Bau der Frucht und die Befestigung des Saamen ist die nemliche [3]); auch finde ich gleichfalls nur Ein Integument, von dessen innerer Fläche sich jedoch, besonders im unreifen Zustande, ein dünnes zelliges Blättchen ablösen läfst, welches als innere Haut betrachtet werden mufs. Diese beiden Saamen kommen demnach mit *Ruppia* darin überein, dafs kein vom Embryo unterschiedenes Perispermium da ist. Indessen, so wie bei *Ruppia* sich ein Ersatz dafür angeben läfst, scheint bei diesen die aufserordentliche Verdickung des Hauptkörpers diese Stelle zu vertreten: denn unter dem Mikroscope siehet man die Zellen desselben durch und durch mit grofsen Mehlkörnern erfüllt; eine Organisation, die wir nur bei solchen Theilen des Saamen wahrnehmen, die zur Ernährung der übrigen bestimmt sind.

---

1) Fig. 13. *a b.* 2) Fig. 14 und 15. 3) Richard l. c. Pl. I. f. 32.

§. 5.

Sparganium ramosum W.

In der natürlichen Ordnung der *Typhae Juss.* zeigt uns *Sparganium ramosum W.* zahlreiche in ein Köpfchen gestellte schwammige Pericarpien von der Gestalt eines sehr in die Länge gezogenen Würfels [1]). Jedes derselben enthält eine eyförmige, der Länge nach gefurchte, harte, einsaamige Nuſs, der die schwammige Substanz von auſsen stark anhängt. Das Integument des Saamen scheint im reifen Zustande nur einfach. Der Embryo ist cylindrisch, gerade und liegt umgekehrt in einem Perisperm von ziemlicher Dicke [2]). — Untersucht man diese Frucht bald nachdem der Griffel gewelket, so erscheint im Zellgewebe derselben gegen die Basis zu eine längliche Höhle [3]), eingefaſst von einem dichteren, kleinzelligen Gewebe, welches in der Folge zur Nuſs erhärtet. Gedachte Höhle ist bis auf zwei Drittel der Höhe durch einen zelligen durchsichtigen Körper erfüllt, den man bald für die Grundlage des Perispermium erkennt, und mit den Integumenten überzogen [4]). Die Höhle des Perisperms ist mit ihrer ganzen Form bereits vorhanden, vom Embryo selber aber noch nichts wahrzunehmen. Von der oberen Extremität des Perisperms siehet man einen kleinen Strang ausgehen, mittelst dessen dieses mit einer andern Substanz zusammenhängt, die das dritte und oberste Drittel jener länglichen Höhle einnimmt, von gedachtem Strange aber sich zurückzuschlagen und das äuſsere Integument des Eys zu bilden scheint. An dieser Stelle ist sie minder durchsichtig und gelblich gefärbt, so wie der Strang selber und die Extremität des Perisperms [5]); eine Erscheinung, die sich uns im Folgenden aufklären wird. Erst wenn die Frucht ihre Gröſse meistens erreicht hat, siehet man im Mittelpunkte des Perisperms,

---

1) Gärtn. l. c. I. t. 19. 2) Richard *Anal. bot. des Embr. endorh. Pl. I. f.* 7.
3) Fig. 16. 4) Fig. 17. 5) Fig. 17. *d.*

welches dann die Höhle des Eys mehr ausfüllet, den weifsen Embryo entstehen, welcher von oben nach unten wächst, indem er den für ihn ursprünglich zubereiteten Raum nach und nach einnimmt [1]. Dann zeigen die Integumente, an der gedachten Stelle, welche sich früherhin durch eine gelbliche Färbung auszeichnete, einen dunkeln Flecken, welchen Gärtner hier „*chalaza fusca*" nennet [2].

§. 6.

Elymus glaucifolius W.

Bei den Gräsern bringt jede Blüthe bekanntlich nur Einen Saamen. Dieser ist bei *Elymus glaucifolius W.* linienförmig, auf Einer Seite erhaben, auf der andern der Länge nach von einer Furche durchzogen und hat zwei Umhüllungen, von denen die mit Haaren bekleidete äufsere, von Richard [3] *pericarpe* genannt, die durch Ausdehnung des Eys zu einer blofsen Haut verdünnte Substanz des Fruchtknotens, die zweite aber, Richards *episperme*, die äufsere Haut des Saamens selber ist. Von einer inneren Haut wird man daher in diesem Zustande nichts gewahr. — Wenn nun die Zeugungstheile kaum vertrocknet und der Fruchtknoten als ein umgekehrt eyförmiger Körper noch im Grunde der Klappen verborgen ist, zeiget ein Durchschnitt die ovale, auf beiden Enden etwas spitzere Höhle des Eys, die sich von der Basis des Eyerstocks kaum über die Mitte desselben erhebt [4]. Sie ist mit einer dünnen grünen Zellenlage ausgekleidet, innerhalb deren man einen bauchigen, auf beiden Enden schwach zugespitzten Körper erblickt, das milchige Perispermium [5]. Zwischen beiden befindet sich noch ein wasserhelles Häutchen von zelligem Gefüge und ohne Gefäfse; es ist von der Form des

---

1) Fig. 18. und 19. 2) *De fr. et sem. I. 75.* 3) *Anal. bot. d. mebryons endorh.* 463.
4) Fig. 20. 5) Fig. 21.

Perisperms, mit welchem es jedoch keinen Zusammenhang hat, und ich halte es für die innere Saamenhaut. Von einem Embryo zeigte sich bis dahin noch keine Spur; dieser wird vielmehr erst sichtbar, wenn der Fruchtknoten sich über die Mitte des inneren Kronenbälgleins erhoben und, wegen durchscheinender Häute des Eys, eine grüne Farbe gewonnen hat, da er zuvor weiſs und durchsichtig war. Dann geht die Höhle des Eys fast bis zur Spitze jenes Eyerstocks, wo sie sich mit einer Rundung endiget [1]). Auch das Perisperm, von welchem die innere Haut nun nicht mehr zu trennen ist, hat vermöge seiner Ausdehnung ganz die Form dieser Höhle angenommen, und am Grunde desselben erblickt man den Embryo, von welchem es deutlich ist, daſs er nur innerhalb eines Fortsatzes, worin die innere Saamenhaut sich hier ausgedehnt, also auſserhalb des Perisperms sich befinde [2]). Seiner Gestalt nach ist er umgekehrt birnförmig, so daſs das obere Ende das dickere ist. — Die weiteren Entwickelungen sind nun leicht zu ermessen. Das Perisperm nemlich, welches in der so eben beschriebenen Periode noch halbdurchsichtig und gallertartig war, füllt sich nun mit Mehlkörnern und wird undurchsichtig. Die Höhle des Eys erweitert sich und die zellige Substanz, welche dieselbe auskleidete, verliert als äuſsere Saamenhaut ihre grüne Färbung, indem zu gleicher Zeit der Embryo sich mehr und mehr entwickelt. Die nemliche Evolution der Theile habe ich im *Holcus bicolor L.* wahrgenommen. Auch am Weizen hat Malpighi dieselbe beobachtet, soviel sich aus seinen kurzen Beschreibungen und mangelhaften Abbildungen erkennen läſst [3]). *Secundina virescens*, sagt er, *colliquamentum vesicula contentum ambit* [4]) Hierauf, wenn der Fruchtknoten sich mehr in die Länge ausgedehnt, *contentum colliquamentum in crasse factam exiguam plantulam, exterius gibbam, interius vero concavam, desinit.*

---

1) Fig 22. 2) Fig. 23. 3) *De semin. gener.* 59. Taf. 40. Fig. 243.

4) *Secundinae* sind bei Malpighi die beiden Saamenhäute; *colliquamentum* aber das Perispermium mit seiner eingeschlossenen Flüssigkeit.

§. 7.

Zea Mays L.

Etwas anders verhält es sich mit diesem Vorgange im Mays, *Zea Mays L.* Der Saame ist hier gröfser als bey allen übrigen Grasarten, auf der einen Seite gerundet, auf der andern eckig, und nach Ablösung der anklebenden Blüththeile scheint nur ein einfaches, papierartiges Integument des Perisperm zu bedecken, welches in eine tiefe Furche seiner Vorderseite den schildförmigen Körper mit dem anhängenden Embryo aufnimmt [1]). Bald nach der Befruchtung, wenn der Fruchtknoten noch ungefärbt ist und so eben aus den Kelch- und Kronenbälglein hervorzutreten anfängt, zeigt ein Durchschnitt desselben das eingeschlossene Ey, aus einer zwiefachen Hülle von gallertartigem Zellgewebe bestehend, innerhalb dessen ein rundlicher, halbdurchsichtiger Körper erscheint, den man bald für das Perispermium erkennet [2]). Von einem Embryo ist dann noch nichts zu bemerken. Nachdem aber der Eyerstock die Hälfte seines Wachsthums erreicht und seine Spitze sich bräunlich zn färben angefangen hat, ist auch das Perisperm beträchtlich erweitert und erfüllet nun fast ganz die Höhle des Eys, indem jenes Zellgewebe sich zu einer blofsen Haut zusammengezogen [3]). Zwischen dieser und dem Perisperm siehet man dann an der Vorderseite des Eys eine längliche, oben zugespitzte Höhle, worin sich die erste Spur des Embryo in Gestalt eines umgekehrt birnförmigen, milchweifsen Körperchens wahrnehmen läfst. Doch noch ein anderer Körper verdient unsere Aufmerksamkeit. Am Grunde der Eyhöhle nemlich siehet man schon im frühesten Zustande eine scheibenförmige, etwas vertiefte Substanz, worin der Centralgefäfsstrang des Fruchtstiels übergeht [4]), und in welcher er seine Aeste strahlen-

---

1) Richard l. c. Pl. II. 2) Fig. 24. *d.* 3) Fig. 25. 4) Fig. 24. *e.* und 25. *e.*

lenförmig ausbreitet, ohne über dieselbe hinauszugehen. Dieser scheibenförmige Körper nimmt bei zunehmender Reife eine bräunliche Färbung an, und, nachdem der reife Saame sich vom Fruchtstiel getrennet, bildet er das, was Gärtner hier *chalaza* nennet [1]). Bei andern Grasarten, wo der Saame eine längliche Form hat und der Embryo nicht, wie beim Mays, an der Vorderseite, sondern am unteren Ende des Perisperms seinen Sitz hat, z. B. beim Hafer, ist die Figur und Lage dieses Körpers dem auch anpassend; er ist dann länglich und nimmt die Hinterseite des Perisperms ein. Hier nennt Richard ihn *spile* und er bemerkt mit Recht, dafs an dieser Stelle der Saame solcher Gräser seinen wahren Befestigungspunkt habe [2]).

§. 8.

Wurzel am Embryo der Gräser.

Wir sehen demnach bei den Gräsern eine Entwicklung des Embryo, die von der der *Ruppia* etwas verschieden ist, und dieses führt uns auf den von Richard aufgestellten Lehrsatz [3]), dafs der Embryo der Gräser eine blofse unwesentliche Modification desjenigen sey, den wir bei den *macropodes non graminées*, *Ruppia*, *Zostera* u. s. w. antreffen. Da nun der Hauptkörper bei den letztern nach Richard eine Wurzel ist, so soll er es auch bei den ersteren zufolge dieser Theorie seyn. Bekanntlich bestehet der Keim der Gräser aus einem schildförmigen Körper [4]), der an der Hinterseite, womit er am Perisperm liegt, gemeiniglich erhaben, an der Vorderseite aber mit einer Rinne versehen ist, in welcher der Embryo mit seinem Centrum [5]) angewachsen. Dieses

---

1) A. a. O. Introd. CXXXV. 2) A. a. O. 464. 465. 3) A. a. O. 469.

4) Gärtn. *de fr. et semin. II. t.* 81.

5) Fischer (Ueber die Existenz der Mono- und Polycotyledonen, Zürich, 1812, S. 14.) schlägt dafür den Namen *punctum essentiale* vor.

scutellum cotyledoneum, wie Gärtner gedachten Körper nennet [1]), ist nach Richard die wahre Wurzel (*radicule*) des Embryo der Gräser, die sich aber beim Keimen nicht entwickelt, sondern an ihrem Untertheile das Würzelchen (*radicelle*) entläfst. Diese eigenthümliche Ansicht zu rechtfertigen, sucht er zu zeigen *a)* dafs der dicke, zuweilen gespaltene Theil, welcher den Hauptkörper des Embryo bei den *macropodes non graminées* ausmacht, die Wurzel, und *b)* dafs der schildförmige Körper der Gräser mit ihm identisch, also ebenfalls eine Wurzel sey. Im Vorhergehenden [2]) haben wir gesehen, wie wenig Grund der erste von diesen Sätzen habe, und mit wie viel mehr Wahrscheinlichkeit man jenen dicken Körper als ein Perispermium betrachten könne. Gesetzt indessen, derselbe sey auch eine wahre Wurzel, so folgt doch keinesweges, dafs das Schildchen der Gräser ebenfalls diesen Namen verdiene: denn diesem adhärirt der Embryo seitwärts vermöge seines Mittelkörpers oder Stämmchens (*tigelle* nennt es Richard), so dafs Radikular- und Cotyledonarende unverwachsen, obgleich in einer Art von Scheide eingeschlossen sind. Dagegen befinden sich bei *Zostera*, *Ruppia* u. s. w. Stämmchen und Cotyledonarende frei, das Radikularende aber verwachsen und mit dem dicken Körper, dem es inserirt ist, zusammenfliefsend, so dafs nur Seitenwürzelchen oberhalb dieser Verwachsung sich entwickeln können [3]). Richard ist zu wahrheitsliebend, dieses nicht einzusehen: denn er bemerkt, dafs beim Keimen der *macropodes non graminées* die Saamendecken am Grunde des jungen Pflänzchens, bei den *macropodes graminées* hingegen zur Seite desselben ansitzen [4]). Allein er hält diese Verschiedenheit nur für scheinbar: man solle sich das Stämmchen der Gräser mit dem Cotyledonarende nur als aufgerichtet

---

1) A. a. O. I. CXLIX. Er bemerkt hiebei, dafs er fast von der nehmlichen Consistenz sey, wie der Embryo selber.

2) §. 3. 3) Richard l. c. Pl. V. f. 58. 4) A. a. O. 459.

vorstellen, so sey die Analogie mit den *macropodes non graminées* auffallend [1]). Aber verändert sich durch diese Aufrichtung nicht die ganze Gestalt der Dinge? Und bleibt nicht noch die freye Wurzel der Gräser übrig? Dieses, erwiedert Richard, ist ein besonderer, von der Wurzel unterschiedener und den Gräsern eigenthümlicher Theil, dem er deshalb auch einen eigenen Namen *(radiculode)* giebt. Aber dieses ist eine zweite Hypothese, die nur zur Unterstützung der ersteren da ist und deren Ungrund sich daraus ergiebt, daſs eben dieser Theil sich beym Keimen bis auf einen gewissen Grad entwickelt, also eine wahre Wurzel ist.

Auſser der Analogie beruft sich Richard, zu zeigen, daſs mehrgedachtes Scutellum die Wurzel am Embryo der Gräser sey, auf einen Versuch. Man könne nemlich [2]) bei den Gräsern die Würzelchen vor dem Keimen wegschneiden, ohne daſs dieses das Keimen hindre; da hingegen das Pflänzchen unfehlbar umkomme, wenn man das Scutellum wegnehme. Allein dieses würde doch nur beweisen, daſs letztgedachter Theil für den Lebensprozeſs dieses zarten Individuums wichtiger sey, als der erstere, welches sein gröſseres Volumen, seine Lage und Befestigungsart auch erwarten läſst.

§. 9.

Cotyledon des Embryo der Gräser.

Indem nun Richard den liegenden und seitwärts angewachsenen Embryo der Grasarten aufgerichtet hat, ist ihm natürlicherweise die Spitze desselben, welche die Knospe in sich verbirgt, der Cotyledon. Diese äuſserste Scheidensubstanz der Knospe, sagt er [3]), welche

1 Dieses wird auch auf Taf. VI. von Richard anschaulich gemacht.

2) A. a. O. 471.   3) A. a O.

Jussieu *gaine de la gemmule* nenne, sey von der Knospe selber noch verschieden, indem sie dieselbe einschliefse, und da bei den übrigen *endorhizes* die Höhle, worin die Knospe liegt, dem Cotyledon angehöre, so müsse et auch hier der Fall seyn. Allein wenn man auch das erstere zugiebt, so ist doch das letztere zu allgemein ausgedrückt, um als Beweis gelten zu können. Allerdings bedeckt der Cotyledon hier die Gemmula: allein dieses braucht weder auf allen Seiten, noch unmittelbar und ohne eine dazwischen liegende Substanz zu seyn. Bei allen *endorhizes*, selbst die *macropodes non graminées* nicht ausgenommen, ist der wahre Cotyledon bedeutender als gedachte Scheide, welche die Knospe einschliefst. Richard äufsert zwar [1]), der verschiedene Durchmesser könne hier keinen wesentlichen Unterschied machen: allein mich dünkt doch, wenn die ursprüngliche Bestimmung des Theiles dadurch ganz verloren geht. Denn diese ist beim Cotyledon, das Pflänzchen zu ernähren, und deshalb führen immer Gefäfse, wenigstens ein Hauptsaftgang vom Cotyledon durch das Stämmchen zum Würzelchen hinab, dergleichen Richard hier nicht wird aufzeigen können.

Aber welches ist denn der wahre Cotyledon der Gräser? Ich antworte mit Fischer [2]): der schildförmige Körper (Gärtners *scutellum cotyledoneum*), eben der, den Richard zu einer Wurzel machen will. Denn *a)* es gehet, wie bei jedem wahren Cotyledon, ein deutlicher Gang aus dem Obertheile dieses Körpers in das Stämmchen, und von da in das Würzelchen [3]). *b)* Dieser Körper macht, wie der Cotyledon bey denjenigen Monocotyledonen, deren Embryo in einem Perisperm eingeschlossen, die Verbindung zwischen diesem und dem Stämmchen. *c)* Er umgiebt die Knospe, freilich meistens nur auf Einer Seite, allein zuweilen doch auch zum gröfsten Theile, so dafs nur die Spitze frey ist,

---

1) A. a. O. 455. 2) A. a. O. 16.

3) Z. B. beim Weizen. Richard a. a. O. Taf. III. Fig. J.

z. B. beim Reis [1]). Fast bei allen Monocotyledonen, deren Perisperm den Embryo einschliefst, bemerken wir, dafs die Spitze der Knospe auf der einen Seite mehr als auf der andern der Oberfläche des Embryo genähert ist; welches demnach eine Annäherung andeutet zu dem, was bei den Gräsern ganz geschiehet. *d)* Der schildförmige Körper verlängert sich beim Keimen, indem er eine gelblich-grüne Farbe annimmt, nach oben: so dafs er nun die ganze Länge der Saamendecken hat, da er vorher nicht zur halben Höhe derselben sich erhob [2]). Dieses kömmt ganz mit den Veränderungen überein, welche ein Cotyledon beim Keimen erleidet und ist hingegen von dem, was man an der Wurzel zu dieser Zeit vorgehen siehet, durchaus verschieden.

§. 10.

Alisma Plantago L.

Nach dieser Digression, die hier nicht am unrechten Orte schien, fahren wir fort, die Entwickelung des Eys bei den Monocotyledonen zu betrachten. In der Familie der *Junci Juss.* finden wir bei *Alisma Plantago L.* zahlreiche keilförmige, einsaamige Kapseln, die in einen Kreis gestellt sind, mit nach innen gerichteter Schärfe. Der Embryo bildet zwei Schenkel, welche, parallel liegend, sich zu berühren scheinen, und dem Grunde der Kapsel zugekehrt sind. Das Radikularende ist von diesen das längere und dickere [3]). Gärtner findet hier wiederum nur ein einziges, dünnes und häutiges Integument, und kein Perisperm; un-

---

1) Richard stellet zwar bei diesem (a. a. O. Taf. IV Fig. F.) die Spitze der Knospe vor, als sey sie mit der verlängerten Substanz des scheidenförmigen Körpers überzogen. Allein wie bei allen Gräsern, so auch hier, habe ich immer die Spitze der Gemmula, zwar in ihrer Scheide eingeschlossen, doch im Uebrigen vollig frei, gleich unter den allgemeinen Saamendecken liegend gefunden. S. Fig. 27.

2) Fig. 28. Vergl. Richard a. a. O. Taf. IV.

3) Gärtner a. a. O. II. Taf. 84.

tersucht man indessen das Ey, wenn es noch nicht zur Reife gelangt ist, so unterscheidet man drey Häute, welche den Embryo bekleiden [1]). Die äusserste derselben ist sehr fein, so daſs sie sich kaum abgesondert darstellen läſst; an ihr ist der Nabelstrang befestiget, in dessen Mittelpunkte man einen Gefäſsbündel aufsteigen siehet. Dicker, von grüner Farbe und von zelligem Gefüge ist die mittlere; die innerste endlich, welche den Embryo unmittelbar umkleidet, ebenfalls zellig, aber dünner und farbenlos. Von diesen Umhüllungen scheint die erste der äuſseren, die zweite der inneren Saamenhaut, die dritte dem Perisperm zu entsprechen. Schon gleich nach der Befruchtung zeigen sie sich [2]) und insbesondere ist dann die noch sehr kleine Höhle des Eys schon ganz mit der perispermatischen Haut ausgekleidet, die völlig die Form des Embryo hat [3]), ohne daſs eine Spur von demselben vorhanden wäre. Die Hohle der Kapsel ist dann weit gröſser, als daſs sie durch das Ovulum ausgefüllt würde. Wenn der Embryo sichtbar wird, so ist es zuerst in demjenigen Schenkel des Perisperms, welcher dem Radikularende entspricht [4]). Derselbe ist daher zuerst gerade und indem er wächst, krümmt er sich, um auch in den andern Schenkel einzusteigen und diesen zu erfüllen [5]). Die Hüllen aber verwachsen unter einander, so daſs sie im reifen Zustande nur Eine auszumachen scheinen.

§. 11.

Anthericum annuum L.

In der Familie der *Asphodeli Juss.* hat der Saame von *Anthericum annuum L. (Bulbine annua W. En.)* die Gestalt einer Pyramide mit erweiterter, etwas gewölbter Grundfläche, welcher parallel der cylindrische, fast gerade Embryo in einem weiſsen, härtlichen Perispermium

1) Fig. 29. 2) Fig. 30. 3) Fig. 31. 4) Fig. 32. 5) Fig. 33.

liegt, so wie es Gärtner bei *Anther. frutescens* [1]) dargestellt. Gleich nach der Befruchtung ist die Kleinheit und gallertartige Beschaffenheit der Theile so groſs, daſs es mir nicht gelungen, dieselben gehörig zu untersuchen. Wenn aber die Kapsel die Gröſse eines Pfefferkorns, und das Ey die eines Mohn- oder Senfsaamens hatte, unterschied ich deutlich die Grundlagen der inneren und äuſseren Haut. Erstere machte, als ein farbeloser Zellstoff den gröſsten Theil der Masse des Eyes aus [2]) und hatte eine länglichte, am einen Ende etwas erweiterte Höhle, worin ich noch keine Spur des Perisperms, vielweniger des Embryo, zu entdecken vermochte. Nach einiger Zeit, wenn das Ey im Umfange sich beträchtlich erweitert hat und die äuſseren Hüllen desselben eine Olivenfarbe annehmen, ist das Verhältniſs der sämmtlichen Theile deutlicher [3]); man siehet dann, daſs das Zellgewebe der inneren Haut eine doppelte Lage bildet und daſs die Zellen nach innen, gegen die Höhle zu, gerichtet sind. Auch bemerkt man an dessen unterem Theile, d. i. demjenigen, wo es die erweiterte Extremität der Centralhöhle bedeckt, eine minder durchsichtige Stelle, von grüngelblicher Farbe und von festerer Textur, woselbst auch Gefäſse einzudringen scheinen. Die Höhle selber ist nun mit dem noch völlig häutigen und durchsichtigen Perisperm ausgekleidet, und im oberen verdünnten Ende ist der Embryo in Gestalt eines Kügelchens sichtbar geworden. — Die fortschreitende Entwicklung zeigt sich durch eine gröſsere Erhärtung der äuſseren Haut und des dieselbe von auſsen bekleidenden Zellgewebes, wobei zugleich beyde eine tiefere Färbung annehmen. Die Höhle des Eys hat sich bedeutend erweitert und indem die innere Haut im Durchmesser abgenommen hat, ist eine Lücke zwischen ihr und dem Perisperm entstanden [4]). Die drüsige Substanz am Einen Ende dieser Höhle zeigt sich noch mit einer deutlichen Hervorragung. Aber auch das Perisperm, dessen Zellen sich

---

1) *De fr. et sem. I. t.* 16. 2) Fig. 34. *c*. 3) Fig. 35. 4) Fig. 36. *b*.

nun mit Mehlkörnern füllen, hat sich sehr ausgedehnt und der Embryo fängt an, aus der kugelförmigen eine länglichte Gestalt zu gewinnen. — Die ferneren Entwicklungen bis zur völligen Reife des Saamen sind nun leicht einzusehen. Der Embryo wächset nach und nach in eine cylindrische Form aus, das Perisperm erweitert und verdichtet sich zu einem fleischigen Körper, die beiden Integumente aber kleben in Eines zusammen, welches den Ueberzug von verhärteter zelliger Substanz hat [1]. — Auf die nehmliche Weise verhält sich der Saame von *Asphodelus luteus L.* Hier erkannte ich in einer früheren Periode innerhalb der cylindrischen, etwas gekrümmten Höhle des Eys das häutige Perispermium, ehe noch vom Embryo etwas zu sehen war [2]. Auch *Ornithogalum rupestre L.* bietet keine Abweichungen dar. Hier siehet man besonders deutlich die drüsige Substanz der inneren Haut in Gestalt eines stumpfen Kegels hervorragen [3]. Auch ward ich hier den zarten Strang gewahr, mittelst dessen der Embryo in den ersten Perioden seines Daseyns mit dem Perisperm zusammenhängt.

§. 12.

Hydrocharis Morsus Ranae L.

Die Ordnung der Hydrochariden des Systems von Jussieu enthält manche heterogene Gattungen, deren mehrere eine besondere Beobachtung der Entwicklungsart ihres Embryo verdienen. Von diesen hat die Gattung *Hydrocharis L.* eine sechsfächrige Kapsel, deren zahlreiche Saamen auf beyden Seiten der Dissepimente ansitzen, indem ein klarer, zäher Schleim den Raum zwischen ihnen erfüllet. »Jedes Saamenkorn,« sagt Richard [4], »hat seine besondere Bekleidung; diese bestehet aus einer

1) Fig. 37. *a.* 2) Fig. 38. *c.* 3) Fig. 39. *b.*

4) *Anal. bot. d. embryons endorh.* 248. *Pl. V. Fig.* 44 — 46.

einer lederartigen, etwas fleischigen Haut, deren ganze Oberfläche mit cylindrischen Bläschen bedeckt ist, die gegen einander gepresset und mit ihrer Basis unter sich vereiniget sind. Der Embryo ist eyförmig und mit einer dünnen und durchsichtigen Haut, die an der Spitze eine Areola hat, bekleidet. Auf der Seite hat er ein Loch, welches durch einen kleinen Körper ausgefüllt wird, der am Grunde mit dem Hauptkörper zusammenhängt und ungefähr die Gestalt eines verkürzten Keiles hat.« Dieser Körper, in dessen unterem Ende sich bey einem Durchschnitte die Knospe bemerken läfst, ist nach Richard der Cotyledon, so wie der dicke Hauptkörper des Embryo, der zu beyden Seiten im Umfange des letzteren ansteigt und ihm zur Grundlage dient, die Wurzel: daher auch diese Gattung eine derjenigen ist, welche bey gedachtem Schriftsteller die *macropodes non graminées* bilden. Allein da auch hier, wie bei *Ruppia* und *Potamogeton*, keine weitere Spur eines Perispermium zu bemerken ist, so gelten hier die nemlichen Gründe für die Meinung, dafs der dicke Hauptkörper hier ein Perispermium sey, welchem der Embryo mit seinem Radikularende angewachsen. Dieser befindet sich hier gleichsam, wie bey den übrigen nicht grasartigen Macropoden, zur Hälfte aufserhalb des Perisperms, da er bey den Gräsern ganz aufser demselben ist, bei den *Asphodelis Juss.* hingegen ganz von ihm umgeben wird. Was nun die Entwicklungsart dieses Saamens betrifft, so erscheint derselbe in seinem frühesten Zustande, wenn die Befruchtung kaum beendiget, als ein längliches, auf beyden Enden verdünntes Körperchen, aus einem Zellgewebe bestehend, dessen Zellen der Länge nach liegen [1]. Diese Form verändert sich bald durch Seitenausdehnung in die birnförmige, und nun wird die längliche Höhle dieses Eys sichtbarer, in welcher vom Embryo noch keine Spur ist [2]) Von aufsen ist dieses Ey mit einer dünnen Lage durchsichtiger Zellen bekleidet, welche im ersten Zeitraume

1) Fig. 40. 2) Fig. 41.

sich als eine bloſse feine Linie um die Peripherie her zu erkennen gab. Bald wird der Embryo als ein kleines Kügelchen in der Spitze der besagten Höhle sichtbar [1]), welche sich nun erweitert, indem die Integumente dünner, aber minder durchsichtig werden. Jetzt nimmt die äuſserste Zellenlage eine härtliche Beschaffenheit an, vermöge deren sie dem Eindringen des Messers widersteht, und dann ist es, wo der Embryo, der bey den *Asphodelis Juss.* um diese Zeit zuerst gesehen wird, bereits die Hälfte der Embryonalhöhle ausfüllt [2]). Seine Gestalt ist noch immer kuglig und an ihm zeigt sich eine hellere Stelle, welches der Anfang des Cotyledon scheinet [3]). Die weiteren Entwicklungen bis zum Eintritte völliger Reife habe ich nicht verfolgen können, da dieser Saame in unsern Gegenden nicht leicht reifet; sie sind indessen aus den bisherigen Datis, besonders aus dem, was über *Ruppia maritima* angemerkt worden, abzuleiten.

§. 13.

Allgemeine Betrachtungen über die Monocotyledonen.

Bey einem Ueberblick sämmtlicher Gattungen von Monocotyledonen bemerken wir sogleich einen Umstand, welcher sie von den Dicotyledonen auszeichnet, nemlich: daſs der Saame fast durchgängig ein deutliches Perispermium hat, welches den Embryo einschlieſset. Denn wenn wir Gärtners Angaben folgen [4]), so hat bey den Dicotyledonen die Zahl der Saamen mit einem Perisperm über die Zahl derer, welche mit keinem solchen versehen sind, nur ein geringes Uebergewicht. Richard fand den *embryo monocotyledoneus* ohne Perisperm nur bei *Nelumbium*, *Hydrocharis*, den *Alismacées (Alisma, Sagittaria)*, den *Potamophiles (Potamogeton, Zannichellia, Najas, Ruppia)*, den *Joncagines (Scheuchzeria, Triglochin)* [5]). Allein was die *Potamophiles* und

1) Fig. 42.* 2) Fig. 43. d. 3) Fig. 44. 4) *De fruct. et sem. II. Praefat.* 5) *Du fruct.* 46.

die Gattung *Hydrocharis* betrifft, so macht der Bau ihres dicken Hauptkörpers es sehr wahrscheinlich, daſs derselbe die Stelle eines Perisperm und Cotyledon zugleich, welcher letztere hier deshalb sehr klein ist, vertrete. Einen solchen verdickten oder verlängerten Hauptkörper [1]) finden wir schon weniger bey den *Alismacées*, und nicht mehr bey den *Joncagines*, wo vielmehr Knospe und Wurzel durch einen sehr kleinen Hauptkörper getrennt sind [2]). Dagegen ist bey den letzteren der Cotyledon sehr vergröſsert und nach dem, was ich oben bey *Alisma Plantago* angemerkt, ist es mir wahrscheinlich, daſs bey diesen Gattungen das Perisperm nicht ganz fehle, sondern früher nur, wie bey vielen Dicotyledonen, in Gestalt eines dünnen Sacks existire, welcher späterhin den Saamenhäuten anklebt und dann mit ihnen nur ein einziges Integument bildet.

Innerhalb dieses Perisperms ist der Embryo der meisten Monocotyledonen eingeschlossen. Die Art der Entwicklung desselben, wie wir sie bey *Sparganium*, *Anthericum*, *Ornithogalum* kennen gelernt haben, ergiebt dieses schon: insofern das Perisperm hier zuerst einen zelligen Sack bildet, innerhalb dessen Höhle der Embryo sich zuerst als ein Kügelchen zeigt. Indessen ist dieses doch kein allgemeines Gesetz. Richard bemerkt [3]): der Fall, wo der Embryo der Monocotyledonen sich auſserhalb des Perisperms befinde, sey ihm nur bei den *Saururées* [4]) und bei der Gattung *Cabomba* bekannt. Allein ich glaube, daſs man diesen Ausnahmen auch die Gräser hinzufügen müsse, bey welchen der Embryo zuweilen an der Vorderseite, zuweilen am unteren Ende des Perisperms, immer aber auſserhalb desselben liegt. Es sagt zwar Ri-

1) Richards *embryons macropodes* und *radiculeux*.

2) Richards *embr. brachypodes*. 3) A. a. O. 61.

4) Perisperm und Embryo des *Saururus* bildet Miebel ab (*Examen de la division des vegetaux en endorhizes et exorhizes. Ann du Mus. d'Hist. nat. T. XVI. Pl. 19.*).

chard bey Beschreibung dieses Saamens: der Embryo werde hier durch eine ungemein feine Verlängerung der oberflächlichen Substanz des Perisperms *(de la matière superficielle de l'endosperme)* bedeckt [1]). Allein nach der oben von mir geschilderten Art, wie bei der Gattung *Elymus* sich der Embryo entwickelt [2]), geschiehet dieses außerhalb des Perisperms, obgleich innerhalb eines zweiten zelligen Sacks, welcher im frühesten Zustande völlig von jenem getrennt ist, in der Folge jedoch mit ihm verwächst und dann dasjenige zu bilden scheint, was Richard des Perisperms oberflächliche Substanz nennet. Betrachtet man daher z. B. bei *Triticum Spelta* das gedachte Häutchen, welches nach Wegnahme der beiden andern häutigen Saamenhüllen den Embryo an der Vorderseite noch bekleidet, so wird man unter hinlänglicher Vergrößerung gewahr, daſs dasselbe zwar ganz aus Zellen bestehe, die eine unbestimmte Form und Richtung haben [3]): allein man bemerkt in denselben keine Spur eines körnigen Wesens, dergleichen doch sonst jede Umhüllung des Embryo zeiget, die im Ey die Dienste eines Perisperms vertreten hat. Kurz, diese unmittelbare Bekleidung des Embryo ist nichts anders, als die innere Saamenhaut, die nur hier noch, wo sie den Embryo bedeckt, nicht aber im übrigen Theile ihres Umfangs, getrennt darzustellen ist.

§. 14.

Fortsetzung.

Ein zweiter Umstand, der beym Embryo der Monocotyledonen unsere Aufmerksamkeit erregt, ist: daſs Knospe sowohl als Würzelchen hier vom Cotyledon zum Theil eingewickelt sind. Ich sage zum Theil: denn auch dieses Gesetz leidet Ausnahmen, wodurch es aufhört, allgemein zu seyn. Was zuförderst die Knospe betrifft, so liegt diese bey den Dico-

1) A. a. O. 71. Vergl. unsere Fig. 27. c. 2) Fig. 23. 25. 3) Fig. 45.

tyledonen, wenn sie überhaupt entwickelt ist, zwar von den Saamenblättern bedeckt, aber im Uebrigen frei an der Oberfläche des Embryo. Bei den Monocotyledonen hingegen bildet diese Oberfläche des Embryo ein Continuum, wodurch jene vollkommen eingeschlossen ist; der Cotyledon hat daher eine Höhle, welche der Gröfse derselben angemessen ist, und welche sie durchbohren oder zerreifsen mufs, um ans Licht zu kommen [1]. Allein nicht alle Monocotyledonen sind diesem Gesetze unterworfen. Hiebei ist zuförderst anzumerken, dafs die Knospe hier nie in der Axe des Embryo, wenn man ihn der Länge nach durchschneidet, sondern immer, vorzüglich mit der Spitze, mehr nach der einen oder andern Seite gerichtet ist: so dafs die Substanz, welche sie bedeckt, auf dieser Seite oft um sehr vieles dünner ist, als auf jener [2]. Ferner ist merkwürdig, was auch Richard anmerkt [3], dafs der *Embryo monocotyledoneus* ohne Perisperm mit einer sehr deutlichen und entwickelten Knospe begabt ist, während die meisten derer, welche mit einem Perisperm versehen sind, dieselbe sehr klein haben, oft ihrer ganz zu ermangeln scheinen. In einem noch bedeutenderen Grade findet diese Entwicklung der Knospe Statt bey Monocotyledonen, die mit jenen in manchen andern Rücksichten eine auffallende Verwandtschaft haben, nehmlich bei den Gräsern, so dafs Mirbel [4] nicht Unrecht hat, dem Embryo, der bey andern Monocotyledonen nur zwey Extremitäten hat, hier deren drey beizulegen, von denen die dritte durch die sehr entwickelte Knospe gebildet wird. Vermöge dieser gleichsam anticipirten Entfaltung der Knospe liegt diese bei den Gräsern nur von einer Scheidensubstanz, welche Richard mit Unrecht als einen Cotyledon betrachtet [5], im Uebrigen aber völlig frei an der Oberfläche des Embryo, und

---

1) Richard *Anal. bot. des embr. endorh* 447. 451.

2) Richard a. a. O. 450. 3) A. a. O. 447. 4) A. a. O. 423.

5) S. oben §. 9.

sie machen also von jenem Gesetze, was die Knospe betrifft, eine bedeutende Ausnahme.

Was nun andrerseits das Würzelchen angeht, so hält Richard dieses bey den Monocotyledonen so durchgängig von der allgemeinen Substanz des Embryo überzogen, dafs er darauf seine neue Eintheilung der Saamen gründet. »*Endorhize*,« sagt er, »ist ein Embryo, dessen Radikularende einen Radicellarfortsatz (*tubercule radicellaire*) einschliefset, welcher durch das Keimen heraustritt, um durch seine Verlängerung die Wurzel des jungen Pflänzchens zu bilden [1].« Abstrahiren wir von den Benennungen, so ist bey den Gräsern diese Einschliefsung des Würzelchen in einer Verlängerung des schildförmigen Körpers nicht zu verkennen [2]. Auch läugnet Mirbel dieses nicht, indem er jenen neuen Eintheilungsgrund Richards angreift [3]. Allein hinwiederum gehet dieser zu weit, wenn er aus Beobachtungen an *Triglochin*, *Juncus*, *Carex*, *Ornithogalum* u. s. w. schliefset, dafs, die Gräser ausgenommen, bey allen übrigen Monocotyledonen das Würzelchen vor dem Keimen vollkommen nackend liege. Führt man z. B. einen Längsschnitt durch den Embryo von *Canna indica*, der eben im Keimen begriffen ist, so siehet man ganz deutlich im Radikularende mehrere Würzelchen, von einer absteigenden Verlängerung des Cotyledon oder, wenn man lieber will, von der allgemeinen Substanz des Embryo eingeschlossen [4]. Wiederholt man diese Untersuchung, nachdem das Keimen etwas weiter fortgeschritten, so sondert sich von der Spitze des hervorgetretenen Würzelchen eine ziemlich dicke Lamina ab [5], welche Mirbel mit Unrecht für die abgestreifte Rinde des Hauptwürzelchen, vermöge anfangender

1) *Anal. du fruit.* 53. Bei den *Exorhizes* hingegen werde das Wurzelende selber die Wurzel der keimenden Pflanze. Ebendas. Die *Endo hizes* seyen die wahren Monocotyledonen der Schriftsteller. Ebendas. 56.

2) Fig. 27 g. 3) A. a. O. 427. 4) Fig. 46. 5) Fig. 47.

Verderbniſs desselben hält [1]): indem dieses, nachdem es jene Hülle abgestreift, noch eine völlig glatte und unverletzte Rinde hat. Auch bey *Hemerocallis flava* glaube ich das Würzelchen vor dem Keimen deutlich mit einer Rindensubstanz bekleidet gefunden zu haben. Richards Beobachtungen selber, vermöge deren er bey *Sparganium*, *Typha*, *Scirpus*, *Zannichellia* im Radikularende das *tubercule radicellaire* eingeschlossen fand [2]), verdienen das gröſste Zutrauen. Indessen gesteht derselbe zugleich, daſs man selten die *radicelle* im Embryo vor dem Keimen gehörig unterscheide; vielmehr nehme man gewöhnlich erst nach Eintritt desselben wahr, wie dieselbe von der Substanz, welche sie zuvor einschloſs, nur noch am Grunde, entweder in Gestalt eines Ringes oder als ein scheiden- oder wulstförmiger Vorsprung umgeben werde [3]). Aus allem diesem scheint hervorzugehen, daſs man aus den bisherigen Beobachtungen es noch nicht als allgemeines Naturgesetz betrachten könne, daſs das Würzelchen der Monocotyledonen vor dem Keimen in einer Scheide eingeschlossen sey. Mit mehr Allgemeinheit aber folgt daraus ein anderer Lehrsatz: daſs beym *embryo monocotyledoneus* im Zustande der Reife zuweilen die Knospe, zuweilen das Würzelchen entwickelter sey; jenes scheint ohne bedeutende Ausnahme bey den Embryonen dieser Art, die mit keinem Perisperm bekleidet sind und bey den Gräsern (also bey Richards *radiculeux* und *macropodes*), dieses bey den übrigen, die einen Cotyledon von bedeutender Gröſse und dabey Knospe und Würzelchen durch einen Hauptkörper von geringer Länge und Dicke getrennt haben (Richards *brachypodes*) Statt zu finden.

---

1) A. a. O. 433. 2) *Anal. bot. des Embr. endorh.* 227. 228. 230. 234. Vergl. Pl. I. 3) A. a. O. 450.

Zweyter Abschnitt.

Dicotyledonen.

§. 15.

Daphne Mezereum L.

Obgleich bey den Monocotyledonen einige Verschiedenheiten in der Entwicklungsart des Eys Statt finden, so ist die Einförmigkeit hier doch gröſser, als in der Reihe der Dicotyledonen, wo die Natur, wenn gleich im Allgemeinen eine gewisse Regel befolgend, doch in den einzelnen Familien und oft in den einzelnen Gattungen ihren Gang durch eigenthümliche Modificationen bezeichnet. In der Familie der *Thymelaeae* ist die Frucht von *Daphne L.* eine Beere mit Einem Saamen, in welchem der Embryo umgekehrt gelegen ist. Bey *D. Mezereum L.* ist die unter der fleischigen Substanz liegende äuſsere schaalige Haut (*putamen Gaertn.*) dünn und zerbrechlich; auſser derselben ist nach Gärtner [1]) nur ein einziges dünnes Integument und kein Perisperm vorhanden. Indessen bemerkt Richard [2]), daſs man bey einer genaueren Betrachtung und besonders bey der Vergleichung mit *D. Laureola L.* ein Organ der letzteren Art wahrnehme, welches sehr dünn und an den Seiten auf eine ungewöhnliche Art unterbrochen sey. Wir wollen sehen, wie diese Umhüllungen sich in ihrer Entwicklung verhalten.

Bevor die Staubbeutel sich geöffnet, also ehe an eine Befruchtung zu denken ist, unterscheidet man bey einem Längsschnitte des Eys dessen verschiedene Häute als mehrere Lagen von Zellgewebe, deren eine die andere einschlieſset und in deren Mittelpunkte, doch mehr nach oben zu, eine länglichte Hohle sich befindet [3]). In diesem Zustande füllet das

Ey

1) *De fruct. et semin. I.* 188. 2) *Du fruit.* 38. 3) Fig. 48. *c.*

Ey die Höhle des Fruchtknoten nicht ganz aus, sondern es bleibt im Untertheile desselben eine Leere, worin zellige Fäden von den Wänden zum Ey gehen. Diese Beschaffenheit der Theile dauert einige Wochen, da denn Krone und Griffel völlig vertrocknet sind und der Fruchtknoten anfängt zu schwellen. Bey einem Durchschnitte desselben zeigen sich nun drey zellige Umhüllungen, die ich die schaalige, die äufsere und die innere Haut nennen will [1]). Die Zellen der letzten sind grofs, locker, farbelos; die der zweyten klein, gedrängt, von grüner Farbe. Die Schaale ist durch eine scharfe Linie angedeutet, woselbst nemlich ihre Gränze nach innen; sie ist aufserdem von einer Zellenlage umschlossen, worin ein Gefäfsstrang absteigt, der durch eine Oeffnung an ihrem unteren Ende eindringt und sich in der äufseren Haut vertheilt [2]). Unmittelbar über diesem Puncte hat die innere Haut eine undurchsichtige Stelle, von welcher ein zartes, häutiges Gefäfs ausgehet, welches, allmählig weiter werdend, die ganze Axe des Eys einnimmt. Nach zehn Tagen, d. i. etwa in der vierten Woche nach der Befruchtung, hat dieses in seinem Untertheile sehr zugenommen. Das Verhältnifs der Haut ist noch das nemliche, aber gedachtes Gefäfs hat sich in der ganzen Länge ausgedehnt [3]) und bildet einen häutigen Cylinder, in dessen oberem Ende man den, bis dahin unsichtbaren Embryo nun als ein blafsgrünes Kügelchen wahrnimmt. Dieses hat in den folgenden acht Tagen an der einen Seite eine Spitze, an der andern einen Ausschnitt bekommen [4]), die erste Andeutung von Würzelchen und Cotyledonen. Das Ey füllet alsdann die Höhle des Fruchtknoten vollkommen aus, die schaalige Haut, obschon noch weich, hat sich abgesondert und wo durch deren untere Oeffnung der Gefäfsstrang an die äufsere Haut tritt, ist diese von einer gelblichgrünen Farbe und von einem dichteren Gefüge [5]). — Etwa sechs Wochen nach der Befruchtung hat der häutige Cylinder, der sich nun

1) Fig. 49. 2) Fig. 49. *b.* 3) Fig. 50. 51. *b.* 4) Fig. 50. *a.* 5) Fig. 52. *f.*

als Perispermium erweiset, die häutige Beschaffenheit mit einer fleischigen vertauscht, wobey seine Zellen in horizontalen Reihen von aufsen nach innen gerichtet sind [1]). Der obere Theil, welcher dem Embryo zum Aufenthalte dient, ist mehr erweitert, als der untere und seine Höhle ist mit einem Wasser erfüllt. — Acht Tage darauf ist sichtlich, wie sehr auch die innere Haut am Durchmesser abgenommen habe [2]); sie ist dann, wo sie den, nun ebenfalls um vieles dünner gewordenen oberen Theil des Perisperms bedeckt, nicht mehr von diesem zu trennen. Die Cotyledonen des Embryo haben sich sehr verlängert; die Schaale hat sich geröthet und fängt an zu erhärten. — Nach vierzehn Tagen macht der Embryo mehr als zwey Drittel vom Ey aus [3]), die Schaale ist nun schwarz und hart, die äufsere Haut aber hat an Dicke sehr abgenommen, so wie das Perisperm, mit welchem das innerste Häutchen nun so zusammenklebt, dafs man es für dessen äufseres Blatt ansehen mag. Endlich, wenn völlige Reife eingetreten, hängen beyde auch der äufseren Haut so fest an, dafs alle drey nun als ein einziges saftleeres Integument erscheinen, welches der schaaligen Umhüllung an Dicke nachsteht.

§. 16.

Mirabilis Jalappa L.

Die natürliche Familie der *Nyctagines Juss.* mufs vor mehreren andern interessiren, weil sie ein Beyspiel eines vom Embryo überall eingeschlossenen Perisperms darbietet. Und hier finden wir bey der Gattung *Mirabilis Linn.* (*Nyctago Juss.*) das Ovarium mit fünf zusammenhängenden Schuppen umstellt, auf denen die verlängerten Staubfäden mit ihrer Basis befestiget sind [4]). Das Ganze ist eingeschlossen in einer

1) Fig 53. *b.* 2) Fig. 54 *e.* 3) Fig. 55. *a.* 4) Fig. 56. *c.*

bauchigen Erweiterung der inneren Blumendecke (von Linné Blumenkrone, von Jussieu innerer Kelch genannt), die oben die Zartheit und Färbung eines Blumenblatts, am erweiterten Grunde aber eine verdickte, krautartige Beschaffenheit hat. Diese Verdickung nimmt zu, jemehr die Frucht reifet, da denn endlich dieser Theil eine harte, runzlige, einsaamige Nuſs bildet, an deren Spitze sich eine Oeffnung erhält, welche den ehemaligen Durchgang der Zeugunstheile bezeichnet. Betrachten wir nun das Ey bald nachdem die Zeugungstheile und der obere gefärbte Theil der inneren Blumendecke gewelkt sind. Das Ovarium hat kaum die Gröſse eines Stecknadelknopfes; seine Höhle wird vom Ey genau ausgefüllt, dessen beyde Häute schon vollkommen getrennt vorhanden sind [1]). Von diesen ist die äuſsere dünner, aber fester: die innere dicker, aber weicher. Beyde berühren sich genau, hängen aber nicht zusammen, auſser am Grunde, wo sie in die allgemeine zellige Substanz des Receptaculum übergehen. Hier ist es auch, wo die innere Haut einen Gefäſsstrang aus dem Receptaculo erhält, welcher, in zwey Aeste getheilt, bis zur Spitze aufsteiget. Die Höhle des Eys hat die Gestalt einer Retorte, deren Hals nach unten gekehrt und ist bereits mit einem einförmigen durchsichtigen Zellgewebe erfüllt, in dessen Centrum man sehr bald einen minder durchsichtigen ovalen Körper gewahr wird; die erste Anlage des Perispermium. Vom Embryo ist noch keine Spur wahrzunehmen. Nach einem kurzen Wachsthume indessen, wobey das Ovarium etwa den vierten Theil seiner ganzen Gröſse erlangt, siehet man ebengedachten Centralkörper in der Höhle des Eys sich von Innen heraus trüben und eine milchige Beschaffenheit annehmen. Dieses ist der Zeitpunkt, wo der Embryo sich im Grunde des absteigenden Fortsatzes der Eyhöhle zeigt in Gestalt eines harzförmigen Körperchens, mit nach oben gekehrtem Ausschnitte [2]). Die für ihn bereitete Cavität folgt der Peri-

---

1) Fig. 56. *e. f.* 2) Fig 57. *e.*

pherie des Eys und, irre ich nicht, so ist das durchsichtigere Zellgewebe, innerhalb dessen sie sich befindet, eine Fortsetzung der Centralsubstanz, also eine Ausbreitung des Perispermium, in welchem demnach der Embryo sich, wofern ich recht gesehen, bilden würde. Bey fortgesetzter Entwicklung verkürzet sich der absteigende Fortsatz der Eyhöhle, in welchem die Spitze der Würzelchen ruhet, immer mehr [1]); zugleich werden die Häute dünner und kleben, wie bey *Ruppia* und *Potamogeton*, zusammen, so daſs, da man in einem früheren Zustande deutlich zwey wahrnehmen konnte, man bey herannahender Reife nur noch eine darzustellen vermag. Die schon in der frühesten Periode sehr dünne Haut des Ovarium wird noch mehr verdünnt und verwächset mit den übrigen unter ihr gelegenen Häuten zum Theil. Während dessen breitet sich der Embryo mit seinen Cotyledonen in der Peripherie des Eys mehr und mehr aus, indem er den Hauptkörper des immer solider werdenden Perispermium endlich ganz einschlieſset [2]). Uebrigens wird in der frühesten Periode die Höhle der Nuſs vom Eyerstok kaum zum dritten oder vierten Theile ausgefüllt, im reifen Zustande aber ganz und ohne daſs ein Zwischenraum übrig bliebe.

§. 17.

Mirbels Ansichten dieses Gegenstandes.

Bey dieser Gelegenheit ist eine Vorstellung Mirbels in dessen Abhandlung über die Anatomie und Physiologie der Labiaten [3]) zu berichtigen. Taf. 13. Fig. 14. soll zeigen den Saamen der *Mirabilis longiflora*, entblöſst von seinem häutigen Pericarpium. »Derselbe ist (setzt der Verf. in der Erklärung S. 235 hinzu) noch bedeckt mit einer dünnen Haut, welche zwischen Würzelchen und Cotyledonen eindringt

1) Fig. 58. 2) Fig. 59. 60. 3) *Annal. du Mus. d'Hist. nat.* Tom. XV.

und sich daselbst in eine Masse von Zellgewebe entwickelt, woraus das Perispermium wird. Dieses beweiset, daſs das Perispermium nichts anderes sey, als die unmittelbarste Haut des Embryo, welche, aus Zellgewebe gebildet, dünn bleibt oder dick wird, je nachdem sie einen kleineren oder gröſseren Raum für ihre Entwicklung findet. Hier, zum Beispiele, stellt sie ein dünnes Blättchen auf der Oberfläche des Embryo dar, weil sie von allen Seiten gegen die Wand des Eyerstocks gepresset wird: hingegen in dem groſsen leeren Raume, den die Cotyledonen und das Würzelchen zwischen sich lassen, dehnet sie sich aus und bildet (S. 256.) das sogenannte innere Perispermium.« Es ist klar, daſs unter der obigen dünnen Haut, die nach Hinwegnahme der vom Eyerstock herrührenden Umhüllung den Embryo noch bekleidet, die innere Saamenhaut oder, noch genauer zu sagen, die sämtlichen Integumente des Saamen verstanden werden. Noch deutlicher erhellet dieses aus den Gefäſsen, die Mirbel als in dieser häutigen Umhüllung laufend vorstellet [1]). Daſs aber so wenig äuſsere als innere Saamenhaut hier nach innen dringen, um den zelligen Körper zu bilden, welcher in der Folge das Perisperm wird, ergiebt sich aus dem obengeschilderten Gange der Natur bey Entwicklung dieses Saamens zur Genüge. Der Bau dieser Häute ist ein ganz anderer, als der, den wir an jener zelligen Substanz wahrnehmen und beyde Theile halten sich von ihrem ersten Sichtbarwerden an bis zur Reife des Eys immer so scharf gesondert, daſs an keinen Uebergang des einen in den andern zu denken ist.

§. 18.

Lithospermum arvense L.

In der natürlichen Ordnung der *Borragineae Juss.* finden wir Gattungen, die sowohl im Habitus, als in der Frucht mit den *Labiatis*

1) A. a. O. Taf. 13. Fig. 17. 18.

große Verwandtschaft haben, daher Grund ist zu vermuthen, daſs auch in der Entwicklungsart der beyderseitigen Früchte viele Uebereinstimmung seyn möge. Bey *Lithospermum arvense L.* sehen wir im Grunde des fünfspaltigen Kelches vier eyförmig-pyramidale, auf der Oberfläche gerunzelte Nüsse [1]) deren jede einen Saamen enthält mit umgekehrtem Embryo. Nach Gärtner ist nur ein einziges Integument vorhanden und kein Perispermium. Einige Tage nach der Befruchtung, wenn erst der Obertheil des Griffels vertrocknet und jeder der vier glatten und grünen Fruchtknoten etwa von der Gröſse eines Senfkorns ist, unterscheidet man deutlich sowohl die äuſseren Umhüllungen, als das von ihnen eingeschlossene Ey, nebst der Höhle für den künftigen Embryo [2]). Jene bestehen aus einer zwiefachen Lage und sind vom Ey durch einen kleinen Zwischenraum getrennt. Letzteres scheint aus einer einfachen Schicht von farbeloser zelliger Substanz gebildet, in welche seitwärts ein Gefäſsstrang von den äuſseren Umhüllungen eintritt. Von einem Embryo bemerkt man nichts, und Mirbel muſs daher etwas anderes für den Embryo angesehen haben, wenn er denselben im Fruchtknoten der *Anchusa italica* von dieser Gröſse *(dans son premier developpement)* schon so ausgebildet fand, daſs er die Höhle ganz erfüllte [3]). Bey weiterer Entwicklung spitzet die Frucht am Obertheile sich mehr zu, und der Raum zwischen den äuſseren Umhüllungen und dem Ey vergröſsert sich [4]), ohne jedoch eine Flüssigkeit zu enthalten. Jene Umhüllungen bestehen nun deutlich aus zwey Lagen, wovon die äuſsere, in welcher die Zellen eine strahlenförmige Richtung von innen nach auſsen haben, sich als die Grundlage der Nuſs erweiset. Die innere, welche mit jener zusammenhängt und deren Zellen ohne bestimmte Anordnung sind, würde sonach als die äuſsere Haut des Eys zu betrachten seyn, wäre sie hier nicht, wider die

1) Gärtn. *de fr. et sem.* I. 327. *Taf.* 67. 2) Fig. 61.

3) *Anat. et Physiol. des Labiées.* Pl. 13. f. 23. *b.* 4) Fig. 62.

Regel, von den übrigen unmittelbareren Hüllen getrennt: sollte demnach nicht die Nufs vielmehr diesen Namen verdienen? Die inneren Umhüllungen, aus der inneren Haut und dem Perisperm bestehend, bilden einen rundlichen, oberwärts zugespitzten Körper, der an der Innenseite der Frucht mit den äufseren Hüllen durch einen Gefäfsstrang zusammenhängt und dessen Höhle durch ein Wasser erfüllt ist. Die innere Haut [1]) hat ein kleinzelliges Gefüge und an ihrer inwendigen Oberfläche, dem Eintritte der Gefäfse gegenüber, eine Vertiefung, aus welcher eine drüsige Substanz hervortritt. Diese innere Wand bekleidet das noch sehr dünne und häutige Perispermium [2]), in dessen Obertheile der Embryo als ein weifses Kügelchen einem zelligen Strange anhängt. Bey weiterer Entwicklung ist die Nufs mehr erhärtet und der Raum zwischen äufserer und innerer Haut ist durch Ausdehnung der letzteren, deren farbeloses Zellgewebe sich nun grün gefärbt, beträchtlich verkleinert worden [3]). Das Perisperm hat seine ursprünglich häutige Natur in eine fleischige mit kleinen rundlichen Zellen verwandelt [4]) und der Embryo, dessen Cotyledonen aus einander klaffen [5]) füllet die Höhle desselben etwa zur Hälfte aus. Endlich bey herannahender Reife verschwindet der Zwischenraum der beyden Häute ganz [6]) und das Perispermium wird von dem umgekehrten Embryo erfüllt, dessen Cotyledonen nun genau auf einander schliefsen. Noch sind Perisperm und innere Haut getrennt, die aber bey völlig eingetretener Reife verwachsen, wobey die äufsere Haut nur noch einen inneren Ueberzug der Nufs auszumachen scheinet. — Eben so verhielt sich die Entwicklung von *Lycophis vesicaria L.* und *Anchusa rosea MB.*, mit der einzigen Abweichung, dafs die äufsere Haut hier von geringerer Dicke und deshalb der anfängliche Zwischenraum zwischen ihr und der inneren bedeutender war.

---

1) Fig. 63. 2) Fig. 64. 3) Fig. 65. 4) Fig. 65.* *a*. 5) Fig. 65.* *b*.
6) Fig. 66.

§. 19.

Asclepias nigra L.

Ganz verschieden von dem ebenbeschriebenen Vorgange ist die Saamanentwicklung der *Apocyneae Juss.* Die Frucht, z. B. der *Asclepias nigra L.* ist ein verlängerter, auf beyden Enden verdünnter Schlauch, an dessen Innenseite man eine der Länge nach laufende Rinne bemerkt, welche die Stelle bezeichnet, wo das Oeffnen durch einen Longitudinalrifs geschiehet. Längs dieser Sutur steigt in der einkammrigen Höhle dieser Frucht eine fleischige Säule auf, an deren innerer Oberfläche die eyförmigen, platten auf einer Seite erhabenen, auf der andern in gleichem Maafse vertieften und an der schmäleren Basis einen Haarschopf tragenden Saamen so befestiget sind, dafs sie oberwärts dachziegelförmig über einander liegen [1]). Gärtner zählt nur ein einziges häutiges Integument, welches ein eyförmiges, zusammengedrücktes Perispermium einschliefset und über dessen Rand hinaus sich flügelförmig erweitert. Auch nennt derselbe den Embryo umgekehrt, indem er diejenige Extremität des Saamens, welche den Schopf trägt, als die Spitze betrachtet. Es ist aber leicht, sich zu überzeugen, dafs der Saame mit diesem Ende ansitze, daher auch hier ein Gefäfsstrang eintritt; die Richtung des Embryo ist daher die nemliche, wie die des Saamens. — Die Verwandlungen desselben nun bis zur völligen Entwicklung aller Theile sind folgende. Zuerst, nachdem die Blumenkrone kaum abgeworfen und der Eyerstock erst zu schwellen anfängt, hat das Ey, aus Zellgewebe bestehend, kaum die Gröfse eines Mohnkorns und zeigt in der Mitte eine dunklere runde Areola, mit hellem Centrum [2]). Dieses wird noch deutlicher, wenn die Frucht zur Länge von einigen Linien herangewachsen; man unterscheidet dann

1) Gartner l. c. II. 171. t. 117. 2) Fig. 67.

dann deutlich die Centralhöhle des Eys, erfüllet mit einem zelligen Sacke, der sich als innere Haut des Eys zu erkennen giebt [1]). Zu derselben gehet von der Basis des Eys ein Gefäſsstrang. Nachdem der Eyerstock eine Länge von einem halben Zolle oder etwas darüber, das Ey eine von anderthalb Linien gewonnen hat, nimmt die allgemeine zellige Substanz des letzteren, die ich äuſsere Haut desselben nennen will, da sie sich ganz als solche verhält und die ursprünglich gelblich und durchsichtig war, nun eine grünliche Färbung und mindere Durchsichtigkeit an; die Höhle und mit ihr die innere Haut erweitert sich und im Grunde derselben siehet man das Perispermium in Gestalt eines runden zelligen Körpers entstehen [2]). Dasselbe wächset nun langsam, so daſs es, wenn die Frucht die Länge von einem Zoll oder etwas mehr erlangt hat, die Höhle der inneren Haut nicht nur ganz ausfüllet, sondern auch mit derselben so zusammenklebt, daſs von ihr, was sehr merkwürdig, in einem späteren Zeitraume nichts mehr wahrzunehmen ist, sondern das Perisperm unmittelbar unter der äuſseren Haut zu liegen scheint. Dann erst, wenn die Frucht über die Hälfte ihrer ganzen Länge, das Ey aber beynahe seine völlige Gröſse hat und sich gelblich zu färben anfängt, siehet man im Grunde des Perisperms, da wo der Gefäſsstrang sich der Höhle des Eys inserirt, den kugelförmigen Embryo [3]). Gedachte Höhle erweitert sich nun mehr und mehr, imdem die äuſsere Haut in gleichem Maaſse dünner wird; auch das Perisperm dehnt sich aus und erfüllet sich mit Mehlkörnern. Zugleich wächst der Embryo mit seinen beyden Cotyledonen, die immer zusammengelegt bleiben [4]). Eine drüsige Substanz der innern Haut, so wie ein Wasser in der Höhle des Eys habe ich, vielleicht wegen der Zartheit desselben, nicht wahrnehmen können.

---

1) Fig. 68. 69. 2) Fig. 70. 71.
3) Fig. 72. c. 4) Fig. 73.*

§. 20.

Arctium Bardana W.

Die *Cynarocephalae Vaill. Juss.* gestatten wegen der Gröſse, zu welcher der Saame in manchen Gattungen gelangt, dessen Entwicklung hier genauer, als in andern natürlichen Familien zu beobachten. Derselbe zeigt überhaupt vier Bedeckungen von verschiedenem Durchmesser [1]). Die äuſserste derselben ist dick und lederartig, auswendig oft runzlig und eigentlich als ein Ovarium zu betrachten, durch welches der Saame selber noch verhüllt wird. Dieser hat seine äuſsere und innere Haut, welche letztere einen Gefäſsstrang besitzet, der im gröſsten Queerdurchmesser um die ganze Peripherie läuft und sich an dem Punkte wo er eingetreten, wieder endiget. Des Embryo innerste Bekleidung ist ein Perispermium von der nemlichen Dicke als die innere Haut, von zelligem Bau und ohne alle Gefäſse. Nur der geringe Durchmesser dieser innersten Bekleidung, in deren Zellen man ein körniges Wesen wahrnimmt, kann Gärtnern [2]) bewogen haben, den *Compositifloris* überhaupt das Perisperm abzusprechen. Der gerade Embryo liegt nach der Länge des Saamens, mit gegen die Basis desselben gekehrtem Würzelchen. — Um an dieser Familie die Entwicklung des Eys kennen zu lernen, möge *Arctium Bardana W.* zum Beyspiele dienen. Wenn die Befruchtung geendigt, zeigt sich im Ey, welches die Höhle des Ovarii vollkommen ausfüllt, die Scheidung von äuſserer und innerer Haut. Erstere ist sehr dünn und durchsichtig [3]); letztere aber, aus einem gedrängten, nach innen durchsichtigeren Zellgewebe, gleich als wären es zwey Lagen, bestehend, ist so dick, daſs sie nur einen kleinen Raum in der Mitte des Eys läſst, welcher mit einer lockeren, ins Gelbliche fallenden, durchsichtigen Substanz erfüllt ist. In der Axe dieser Substanz erblickt

1) Fig. 74. *a—d.* 2) *De fr. et sem.* II. 353. 3) Fig. 75. *b.*

man oberwärts einen undurchsichtigen Strang, und im Grunde derselben ein kleines Bläschen [1]). Alle diese Organe gehen mehr aus einander, wenn der Eyerstock sich etwas verlängert, etwa bis zur Länge von zwey bis drey Linien. Man nimmt dann deutlich die vom Zellgewebe der innern Haut umschlossene Höhle des Eys wahr, in deren Grunde sich das längliche Bläschen befindet, welches sich nun als die Grundlage des Perisperms zu erkennen giebt, aber vom Embryo noch keine Spur enthält [2]). Gleichwie es selber aus Zellgewebe gebildet ist, so inserirt sich der Spitze desselben ein zelliger, in der Axe minder durchsichtiger Strang, und schliefset sich, nachdem er etwa bis zur halben Höhe gedachter Höhle aufgestiegen, dem Zellgewebe der inneren Haut an, welches die Wände dieser Höhle bildet. Wir sehen hier demnach die nemliche Organisation, welche Malpighi in den ersten Anfängen der Mandelfrucht gefunden [3]). Was bey uns äufsere Haut ist, nennt er *secundina,* auch *exterior secundina*; unsere innere Haut ist ihm *Chorion;* das zum Perispermium sich entwickelnde Bläschen *vesicula colliquamenti,* auch *amnion;* und der Strang, dessen unteres Ende, vielleicht auch dessen Erweiterung das Perisperm ist, *umbilicus* und *vasculum umbilicale.* Der einzige Unterschied ist nur, dafs letztgedachter Theil in Malpighi's Zeichnungen das ganze Chorion durchläuft und sich als eine Fortsetzung der äufseren Haut *(secund. exter.)* zu erkennen giebt, was auch in der Beschreibung ausdrücklich bemerkt wird: da hingegen beym *Arctium* dieser Strang sich oberwärts in das durchsichtige Zellgewebe der inneren Haut, welches die Höhle des Eys bildet, zu verlieren scheint. Es zeigt übrigens die äufsere Haut sich in dieser Periode deutlicher, als in der ersten: so dafs man ihre Zellen in der Richtung vom Umfange gegen das Centrum liegen siehet, die bey der innern Haut mehr die Richtung der Länge des Eys haben. Erst wenn der Saame den gröfsten Theil sei-

1) Fig. 76. *d.* 2) Fig. 77. 78. 3) *De seminum generatione.* 57. Taf. 37. 38. Fig. 232. 233.

ner Ausdehnung gewonnen, seine Oberfläche runzlich und seine Integumente undurchsichtig und weifslich zu werden anfangen, zeigt sich im Grunde des Perispermialsacks, welcher sich über die Hälfte der Eyhöhle, mit einiger Verdickung seiner Häute erhoben und auf dessen Scheitel man jenen Strang nicht mehr bemerkt, der Embryo als ein rundes Knöpfchen [1]). Die Höhle des Eys erweitert sich nun, indem die Integumente an Dicke abnehmen; dabey ist sie mit einer wässerigen Feuchtigkeit erfüllt und bey einem gelinden Drucke bemerkt man deutlich, dafs diese sowohl zwischen der innern Haut und dem Perisperm, als zwischen diesem und dem Embryo sich befinde. Während aller dieser Entwicklungsperioden behält das Perisperm seine häutige Beschaffenheit. Der weifse Embryo erhebt sich in demselben mit seinen, immer zusammengeengten, Cotyledonen [2]). Endlich bekömmt der Saame rothbraune Flecken, indem er mehr erhärtet und dann nähert er sich seiner Reife. Der Embryo erfüllt dann die Höhle desselben ganz, indem die eigenthümlichen Hüllen desselben saftleer geworden und zu blofsen Häuten verdünnet sind.

§. 21.
Scabiosa stellata L.

Die *Dipsaceae Juss.*, so wie sie mit der natürlichen Familie, welcher *Arctium* angehört, im Aeufsern viel Uebereinstimmendes haben, sind ihnen auch in der Entwicklungsart der inneren Fruchttheile ähnlich. Bey der Gattung *Scabiosa* nehmen bekanntlich Linné und Jussieu den besondern Kelch als doppelt an, und dem äufseren derselben kann man immer den Namen *Calyx proprius* lassen, obschon Gärtner denselben vielmehr als ein Involucrum betrachtet wissen will [3]). Wenn indessen dieser Schriftsteller den sogenannten innern besondern Kelch als einen

1) Fig. 79. *b.* und Fig 80.* 2) Fig. 81. 3) *De fr. et sem.* II. 38.

integranten Theil des Saamens selber betrachtet, der an der Spitze in einen vielfach gebildeten Pappus ausläuft, so kann man dieses zwar in botanischer Hinsicht sehr wohl gelten lassen: allein in physiologischem Betrachte ist zu merken, dafs auch dieser, wie ein Durchschnitt in einem früheren Zeitraume zeigt [1]), noch nicht der Saame selber sey, sondern ein von aufsen gemeiniglich mit Haaren bekleideter Fruchthalter, welcher diesen in seiner Höhle umschliefset. Der Saame hat daher seine besonderen Integumente und aufser diesen ein hautartiges Perisperm, in welchem sich der gerade Embryo in umgekehrter Lage befindet [2]). Nehmen wir *Scabiosa stellata L.* wenn die Coralle noch auf dem Fruchtknoten sitzet und nur erst die Zeugungstheile vertrocknet sind, so zeigt ein Durchschnitt uns das Ey fast ganz aus einem Zellgewebe bestehend, welches in seinem Mittelpunkte eine kleine Cavität hat, von aufsen aber noch von einem dünnen zelligen Sacke eingeschlossen ist, mit welchem es nur in der Spitze der Frucht zusammenhängt [3]). Daselbst tritt ein Gefäfsstrang ein, welcher zur gedachten Cavität hinabsteiget. Der häutige Sack ist hier die äufsere, jene zellige Substanz die innere Haut nur der durchsichtige Raum im Centro derselben die eigentliche Höhle des Eys. In derselben bemerkte ich in dieser Periode einigemal ein Kügelchen, welches mir der Anfang des Perisperms zu seyn schien: aber ein Nabelgefäfs (wie Malpighi sich ausdrückt) wie bey *Arctium*, konnte ich hier nicht entdecken. Wie dem auch sey, so wächst das Perisperm hier sehr schnell: denn so wie die Höhle des Eys sich vergröfsert, findet man sie schon von demselben völlig ausgefüllt [4]). Endlich zeigt sich in der Spitze der Perispermialhöhle, die ein Wasser enthält, der Embryo als ein grüngelbliches Kügelchen [5]). Die sehr kleinzellige innere Haut ist dann auffallend dünner geworden, die äufsere aber hat keine merklichen Veränderungen erlitten. Die weiteren Verwandlungen bis zur völligen Reife

1) Fig. 86. *a*. 2) Gärtner l. c. II. t. 86. 3) Fig. 82. 4) Fig. 83. 84. 5) Fig. 85. *e*.

des Saamens lassen sich nun leicht ermessen. Die innere Haut wird immer dünner und saftleerer, indem das Perispermium samt dem Embryo, welcher eine grüne Farbe hat, sich mehr und mehr ausdehnet [1]).

§. 22.

Tropaeolum majus L.

Eine durch die Bildung des Embryo sehr ausgezeichnete Gattung ist *Tropaeolum L.* Jussieu setzet sie unter die *Genera Geraniis affinia*, erinnert aber zugleich, daſs bedeutende Unterschiede vorhanden seyen. Die Frucht bestehet nach ihm aus drey nierenförmigen, schwammigen, einsaamigen Pericarpien; nach Linné aus drey saftlosen Beeren; nach Willdenow aus drey lederartigen Nüssen. Von diesen Bezeichnungen möchte wohl die Linnéische, die auch von Gärtner [2]) angenommen worden, die richtigste seyn. Der Saame, welcher die Fruchthöhle vollkommen ausfüllt, ist hängend vermöge eines von der Spitze ausgehenden Nabelstranges; der Embryo, dessen Radikularende gegen diesen Punkt gerichtet, ist daher in Bezug auf die Frucht mit Gärtnern umgekehrt, in Bezug auf den Saamen aber gerade zu nennen. Da nun letzteres der von Richard [3]) angenommene Grundsatz ist: so muſs man sich wundern, wie derselbe ihn hier dennoch als umgekehrt betrachte [4]). Dieser Embryo ist, wenn wir Gärtnern folgen, nur mit einem dünnen, häutigen, ihm genau anhängenden Integument bekleidet und ohne Perisperm. Die Saamenblätter sind nach eben diesem Schriftsteller vor der Reife viertheilig, dann zweilappig, endlich so unter sich verwachsen, daſs sie nicht mehr zu trennen sind. Das Würzelchen conisch, kurz in den Nabelstrang auslaufend und zwischen den zahnförmigen Fortsätzen der Saamenblätter versteckt.

---

1) Fig. 86. 2) *De fr. et sem.* I. 380. 3) *Anal. du fruit.* 47. 4) A. a. O. 89.

Aug. de S. Hilaire hat in einem vortrefflichen Aufsatze [1]) die Entwicklung des Embryo bey dieser merkwürdigen Frucht untersucht und durch Zeichnungen erläutert: allein da sein Hauptzweck war, zu zeigen, daſs hier ursprünglich zwey Saamenblätter vorhanden, die gegen die Zeit der Reife nur verwachsen und den Anschein geben, als ob die Pflanze den Monocotyledonen angehöre, so hat er die übrigen Erscheinungen nur kurz angedeutet; auf diese sey demnach unsere Aufmerksamkeit gerichtet. Untersucht man also nachdem die Befruchtung kaum beendiget, eine der drey zusammengewachsenen Beeren durch einen Vertikalschnitt, so wird man im Inneren derselben eine längliche Höhle gewahr, welche durch das Ey ausgefüllt ist [2]). Dieses ist in deren oberer Extremität mit seinem verdünnten, etwas einwärts gebogenen Ende befestiget und bestehet aus einer ziemlich dicken Lage von Zellgebe, welche ich innere Haut nennen will. Selbige hat gegen die Basis des Eys zu eine mehr lockere Textur, nach der Spitze hin aber ist das zellige Gefüge gedrängter und von einer grünlichen Farbe. In diese augenscheinlich drüsige Substanz begiebt sich ein Gefäſs, welches am dünneren Ende des Eys und zwar an der kleinen Krümmung, welche dasselbe macht, eindringt. In der länglichen, oberwärts ebenfalls verengten und eine Art gebogenen Fortsatzes bildenden Höhle ist von einem Embryo noch nichts zu bemerken. Nach einem kurzen Wachsthume der Frucht, wobey sie jedoch im Vergleich ihrer künftigen Ausdehnung noch sehr klein zu nennen ist, siehet man in der Mitte der nun erweiterten und mit einem klaren Wasser erfüllten Höhle des Eys zuerst den Embryo in Gestalt eines grünen Knöpfchens [3]). Derselbe hängt mittelst eines eben so gefärbten Fortsatzes, dem Rudimente des künftigen Würzelchens, an einem zelligen

---

1) *Sur la formation de l'embryon du Tropaeolum et sa germination* (*Annales du Mus. d'Hist. nat.* T. XVIII.)

2) Fig. 87. 3) Fig 88. *f.*

Strange, welcher aus dem Grunde des verdünnten Endes der Höhle aufsteigt. Die Häute des Eys haben in dieser Periode keine Veränderung erlitten. »Im Innern des Pericarpium bemerkt man einen wurmförmi- »gen, weissen, durchsichtigen, mit blossem Auge sichtbaren Faden, wel- »cher, im Grunde der Fruchthöhle an der Stelle, welche der mittelsten »Rippe der Frucht entspricht, befestiget, genau dem Umkreise des Eys »folget bis zum Ursprunge des Nabelstranges, in welchen er eindringet. »In diesem ganzen Laufe ist er frey, jedoch in einer Furche längs dem »Rücken des Eys halb verborgen.« S. Hilaire, dessen Worte ich hier aufgenommen [1]), indem ich zu dieser durchaus wahren Beschreibung nichts hinzuzusetzen weiss, vermuthet, dass von bemeldetem Faden derjenige an welchem der Embryo in der Eyhöhle hängt, eine blosse Fortsetzung sey: indem beyde in dem nemlichen Punkte am Grunde des Eys zusammenkommen, den nemlichen Durchmesser, die nemliche Farbe u. s. w. haben. Diese Vermuthung ist vollkommen gegründet: denn wenn der Durchschnitt genau durch den Mittelpunkt der Adhäsion des Eys gehet, so stellet sich der Uebergang im Auszeichnenden der Substanz und in der Richtung der Zellen deutlich vor Augen [2]) Noch fügt S. Hilaire die Vermuthung hinzu, dass dieser Faden, der im Uebrigen seiner ganzen Länge nach einen zelligen Bau hat ohne eingeflochtene Spiralgefässe »der Leiter der befruchtenden Aura zum Ey« seyn möge. Allein wozu diesem flüchtigen, alle Pflanzentheile durchdringenden Wesen seinen Weg so vorzeichnen? Und warum sollte dasselbe einen solchen Umweg nehmen, da es doch weit leichter zum Ey gelangen könnte? — Was nun die ferneren Veränderungen des Eys betrifft, so erweitert sich bey zunehmender Frucht die Höhle desselben, doch vorzugsweise die obere Extremität, innerhalb deren sich der grüne Embryo mit seinen

1) A. a. O. 469. 2) Fig. 88. e.

nen Cotyledonen ausdehnt [1]), wobey er fortfährt, mit seinem Radikularende durch den obengedachten Strang im Grunde des dünneren Fortsatzes der Eyhöhle zu adhäriren. Dieses fernere Wachsen des Embryo ist, sowie das Verhalten des Saamens beym Keimen von S. Hilaire am angeführten Orte so genau beschrieben worden, daſs ich nichts hinzuzusetzen weiſs. Ich bemerke nur noch, daſs die Abwesenheit eines Perisperms und eines äuſsern Integuments bey der Entwicklung dieses Saamens eine neue und wiederholte Untersuchung verdiene: wobey zu bedenken, daſs letztere bey allen Saamen, die in einer Beere oder Nuſs eingeschlossen, ungemein zart zu seyn pflegt und der Beobachtung gar leicht entgehen kann.

§. 23.

Lavatera, Sida.

In der Ordnung der *Malvaceae Juss.* ist die Entwicklung des Eys, obgleich derjenigen, welche wir bey *Lycophis* und *Asclepias* wahrgenommen, sehr ähnlich, doch wiederum auf ihre eigenthümliche Weise modificirt. *Lavatera trimestris L.* und *Sida triangularis Humb.* mögen hier zum Muster dienen. Bey beyden bestehet die Frucht aus zahlreichen, um ein säulenförmiges Receptaculum in einen Kreis gestellten einsaamigen Kapseln. Der Integumente des nierenförmigen Saamens sind nach Gärtner [2]) drey; nemlich das äuſserste eine bloſse zarte Oberhaut, die sich mit dem Messer abschaben läſst, das mittlere knorplig und dunkelgefärbt, das innerste häutig und von blasser Farbe. Auſserdem ist der gekrümmte Embryo von einem dünnen, jedoch fleischigen Perisperm umgeben, welches zwischen die blattartig gefalteten Cotyledonen eindringt. Gleich nach dem Abfallen der Zeugungstheile siehet man auch hier, wie

1) Fig. 89. und 90. 2) L. c. II. 250. 257.

in allen bisher untersuchten Saamen nichts vom Embryo: doch sind die drey Häute schon deutlich geschieden, von denen die äuſserste (der künftige Anillus) die geringste, die innerste, aus einem gedrängten Zellgewebe bestehend, die meiste Dicke hat. Die ovale gekrümmte Höhle des Eys ist noch sehr klein und, irre ich nicht (denn die schleimige Beschaffenheit der Theile erschwert die Untersuchung sehr), so ist sie bereits mit dem zarten und durchsichtigen Perispermium angefüllt [1]). Erst wenn Frucht und Saame fast zwey Drittheile ihrer Ausdehnung haben, erscheint im erweiterten Perisperm am schmäleren Ende der Höhle der grünlich-gefärbte Embryo, indem er mit dem Wurzelende durch einen kleinen Strang befestiget ist [2]). Das Zellgewebe der inneren Haut, welches zuvor sehr fest war, ist dann lockerer; eintretende Gefäſse aber oder eine drüsige Substanz habe ich daran nicht wahrgenommen. Der Embryo erhebt sich nun rasch in der Höhle des Eys, indem das Perispermium sich trübt, die Integumente aber dünner werden und endlich erhärten.

§. 24.

Linum austriacum.

Unter den Gattungen, welche den *Canyophylleis* verwandt sind, befindet sich bey Jussieu die Gattung *Linum*. Bekanntlich bestehet die Frucht derselben aus einer rundlichen Kapsel mit zehen Fächern in deren jedem ein zusammengedrückter Saame, welcher seitwärts, doch etwas mehr nach der Spitze zu, seinen Befestigungspunkt hat. An demselben bemerkt Gärtner nur ein einfaches Integument. »Dasselbe ist, sagt er [3]), dünn und lederartig. Seine äuſsere Oberfläche löset sich im Wasser in einen weiſsen durchsichtigen Schleim auf, die innere aber ist mit einer dünnen fleischigen Lamina bekleidet und weiter ist kein Albu-

---

1) Fig. 91. *d.* 2) Fig. 92. *b.* 3) A. a. O. II. 147.

men (Perispermium) vorhanden. Der Embryo ist umgekehrt, grün und von der Gröſse des Saamens.« — Gleich nach der Befruchtung läſst sich wegen auſserordentlicher Kleinheit des Eys dessen innere Zusammensetzung nicht wohl erforschen. Erst wenn die Kapsel etwa eine Linie im Durchmesser hat, erkennet man etwas mit Bestimmtheit, man unterscheidet dann ein Zellgewebe, die Grundlage der inneren Haut, welches von einem dünnen zelligen Sacke, der äuſseren Haut des Eys, umschlossen ist, und im Mittelpunkte eine sehr kleine Höhle hat [1]). Ob in dieser bereits ein Perispermium enthalten, läſst sich bey der Unmöglichkeit, so kleine und zarte Theile auseinander zu legen, nicht mit Sicherheit angeben: aber vom Embryo ist ganz gewiſs noch keine Spur vorhanden. Alles dieses zeiget sich deutlicher, wenn die Frucht etwa die Gröſse einer kleinen Erbse erlangt hat und von diesem Zeitpunkte gehen auch Malpighi's Darstellungen [2]) an. Die Höhle des Eys ist nun gröſser und wird von dem kleinzelligen, halbdurchsichtigen Sacke des Perisperms ausgefüllt, dessen innerer Raum ein Wasser enthält. Das ganze abgeplattete Ey ist im Umfange nierenförmig, doch mit etwas verdünntem oberen Ende. Gleich unter diesem inserirt sich im Ausschnitt der vertieften Seite der Nabelstrang [3]). Mit demselben dringt ein Gefäſs ein und steiget im Umfang des Zellgewebes der inneren Haut hinab bis zur Basis des Eys, wo es sich endiget. Das Perispermium, welches die Höhle desselben ausfüllet, hat eine länglich-eyförmige Gestalt, indem das Ende, in welchem sich der Embryo zuerst sehen läſst, etwas verschmälert ist. Das entgegengesetzte dickere ist es, wo dasselbe der inneren Haut anhängt, durch einen kurzen zelligen Strang, der sich durch die Substanz der letzteren abwärts fortsetzet gegen den Punkt zu, wo das Nabelgefäſs sich an der Oberfläche des Eys endiget [4]). Daſs indessen dieses Gefäſs in jene absteigende Fortsetzung des Stranges übergehe, habe ich nicht bemer-

1) Fig. 93. e. 2) L. c. t. XXIX. f. 239. 3) Fig. 94. a. 4) Fig. 94. f.

ken können. Der Embryo, welcher in einem sehr frühen Zeitraume in seiner Höhle erscheint, ist bey seinem Entstehen rund, grünlich und adhärirt dem Perisperm mittelst eines zarten zelligen Stranges [1]. Die Höhle des Eys vergröſsert sich nun und die innere Haut nimmt im Durchmesser sehr ab. Das Perisperm wird undurchsichtiger, indem es sich mit Mehlkörnern füllet und der Embryo bekömmt einen herzförmigen Ausschnitt, das Merkmal der sich entwickelnden Cotyledonen [2]. Der weitere Vorgang ist von Malpighi am angeführten Orte genauer verfolgt worden, als es hier mein Zweck mit sich brachte; auf ihn muſs ich daher verweisen. Vergleichen wir übrigens diese der Natur getreu nacherzählte Entwicklung des Leinsaamens mit Malpighi's Darstellungen: so ergiebt sich eine vollkommne Uebereinstimmung bey einer Verschiedenheit der Benennungen. Wir sehen dann, daſs derselbe hier wiederum, nach der Analogie des thierischen Körpers das Perisperm *amnion*, das Zellgewebe der künftigen inneren Haut aber *chorion* nennet. Von dem letztern sagt er [3]: es bestehe aus Schläuchen, die durch eine Feuchtigkeit ausgedehnt seyen, welche beym Fortwachsen des Pflänzchens durch dieses verzehret werde.

§. 25.

Sichtbarwerden der Umhüllungen im Pflanzeney.

Ehe wir weiter gehen wird es, um den einförmigen Gang der bisherigen Untersuchungen zu unterbrechen, zweckmäſsig seyn, etwas zu sagen über die verschiedene Zeit, in welcher die einzelnen Theile des Eys entstehen. Das Ey, auch im frühesten Zeitraume nach der Befruchtung untersucht, zeigt schon eine Trennung seiner beyden Hüllen, der inneren und äuſseren Haut. Gärtner ist der Meinung, daſs diese Tren-

1) Fig 95 *c*. 2) Fig. 96. *d*. 3) A. a. O. 58.

nung das Werk der Befruchtung sey. Ihm zufolge bildet im unbefruchteten Ey ein parenchymatöses Wesen dessen ganze Masse, von welcher gleich nach der Begattung und durch dieselbe ein Theil als äufsere Haut sich absondert. Auch von der inneren Haut glaubt er, dafs sie erst von der Befruchtung gebildet werde, wobey sie aus den inneren Nabelgefäfsen ihren Ursprung nehme [1]). Allein wenn wir auch zugeben, dafs diese Trennung gemeiniglich erst nach Beendigung dieses Akts sichtbar werde, so haben wir sie beym *Mezereum* doch schon früher erkannt. Auch kann sie überhaupt nicht Wirkung desselben seyn, da wir wissen, dafs ein, bis auf den Embryo, vollkommner Saame sich ohne vorhergegangene Befruchtung ausbilden könne. Smith hat im sechsten Bande der *Linnaean Transactions* die Frucht beschrieben, welche eine weibliche Staude von *Cycas revoluta L.* im Garten des Bischofs von Winchester brachte. Der Saame hatte seine sämtlichen Häute, auch sein Eyweifs, welches den gröfsten Theil des Korns bildete: nur im oberen Theile desselben, unmittelbar unter der Narbe entdeckte man eine kleine runde Höhle, woselbst der Embryo hätte sitzen sollen, von welchem aber keine Spur gefunden wurde; und dieses wegen Mangel der Befruchtung durch den Staub einer männlichen Pflanze, die vielleicht nicht näher als in Japan zu finden gewesen wäre. Oft siehet man bey *Canna indica L.* unter vollkommenen Saamen andere, dem Anscheine nach ebenfalls ganz vollkommne, aber, wie die Analogie vermuthen läfst, unbefruchtet gebliebene; die nemlich mit dem Perisperm und den beyden Häuten versehen sind, denen aber der Embryo fehlet, obschon die Höhle für denselben völlig ausgebildet da ist. Hieraus ist mit Recht zu urtheilen, dafs die Bildung gedachter Umhüllungen unabhängig von der Befruchtung geschehe, und es ist wahrscheinlich, dafs die Entstehung derselben sogar der letzteren vorhergehe, welches jedoch wegen unvollkommner Durch-

1) *De fr. et sem.* T. 1. Introd. LIX.

sichtigkeit und gallertartiger Beschaffenheit so zarter Theile in den meisten Fällen auch der geübtesten Zergliederung entstehen mufs. Insbesondere wird das Perispermium sehr oft erst einige Zeit nach der Befruchtung sichtbar, indem seine Entwicklung langsamer ist, als die der beyden Integumente: obschon die erste Anlage desselben oft schon gleich nach dem Welken der Blüttheile erkannt wird.

§. 26.

Sichtbarwerden des Embryo.

Desto unbezweifelter ist das Erscheinen des Embryo im Ey das Werk der Zeugung und nie ist es mir möglich gewesen, eher als geraume Zeit nach Beendigung dieses Akts die erste Spur davon wahrzunehmen. Was indessen den Zeitpunkt betrifft, da derselbe sichtbar wird, so möchte dieser für eine gewisse Pflanzenart wohl schwerlich nach Tagen und Stunden zu bestimmen seyn, besonders da der Zeitraum der Befruchtung selber sich keinesweges mit Genauigkeit angeben läfst. Gärtner sagt [1]), er glaube im Helianthus nach dem dritten Tage, in der Gurke nach der ersten Woche, in der Zeitlose nach Verlauf einiger Monate den Anfang des Embryo gesehen zu haben. Sprengel sagt [2]): in der Bohne zeige sich das Pünktchen, welches die künftige Pflanze werde, gewöhnlich mit dem zwölften oder vierzehnten Tage. Allein ich glaube, dafs die Natur hierin keinesweges so beständig ist, als bey den Thieren. Beschaffenheit der Witterung und des Bodens haben gewifs den gröfsten Einflufs darauf und in einem leichten, etwas sandigen Erdreiche, bey einer warmen Temperatur und einer gehörigen Abwechselung von Nässe und Trokkenheit der Luft ist die Entwicklung der Saamen und so auch das erste Erscheinen des Embryo unstreitig beschleunigter, als bey anhaltend reg-

1) L. c. I. Introd. LXI. 2) Vom Bau und der Natur der Gewächse. 594.

nigem und kaltem Wetter, in einem thonigen oder moorigen Grunde. Im Allgemeinen könnte man glauben, daſs die Zeit der Entwicklung für das Ey und des Sichtbarwerdens für den Embryo sich nach der ganzen Lebensdauer des Gewächses richte, wie denn z. B. die Gräser, besonders die jährigen, desgleichen die kurzdauernden Arten von *Silene, Cerastium, Holosteum, Sinapis* u. s. w. ihren Saamen sehr schnell, hingegen die Bäume aus der Rosenfamilie z. B. die Arten von *Pyrus, Prunus, Crataegus* u. s. w. den ihrigen sehr langsam zur Reife bringen: wenn nicht diese Regel zu viele Ausnahmen litte, wie z. B. die Gattungen *Salix, Populus, Ulmus, Leontodon, Hieracium* u. s. w. lehren. Gewisser ist, daſs das Daseyn eines Perisperms mit dem Sichtbarwerden des Embryo in der genauesten Beziehung stehe und solcher im Ey sich weit später zeige, wenn dasselbe als reifer Saame ein Perisperm von bedeutender Dicke hat, als wenn das Gegentheil Statt findet. Von Monocotyledonen ohne Perisperm will ich nur die Gattungen *Potamogeton, Ruppia, Hydrocharis*; von Dicotyledonen die Gattungen *Lathyrus, Pisum, Tropaeolum* anführen, wo der Embryo sehr früh wahrzunehmen ist. Fälle der andern Art bieten unter den Monocotyledonen die Gattungen *Anthericum, Ornithogalum, Sparganium*; unter den Dicotyledonen *Mirabilis, Euphorbia, Asclepias* dar, bey welchen derselbe sich erst dann zeigt, wenn das Ey bedeutende Fortschritte in seiner Entwicklung gemacht hat. Es scheint daher die Gegenwart des Perisperms, oder, wenn es sich finden sollte, daſs dasselbe auch bey denen Saamen, wo man es im reifen Zustande nicht antrifft, im unreifen gegenwärtig wäre, der mehr entwickelte Zustand desselben die Entwicklung des Embryo zurückzuhalten. Hierin erscheint dasselbe als das unmittelbarste vorbereitende Organ für diesen, welches in eben dem Maaſse, als seine Lebenskraft träger ist, eine gröſsere Anhäufung von Säften in seiner Substanz verstattet und dadurch zu einer gröſseren Masse im Verhältniſs der übrigen Theile des Eys gelanget. Ohne Zweifel ist dieses auch die

Ursache, dafs Saamen, deren Embryo in einem Perisperm eingeschlossen, desto schwerer keimen, je dicker dieses ist, wovon als Beyspiele anzuführen die Saamen der Schirmpflanzen der Ranunkeln, der Liliengewächse: da hingegen die der Pflanzen mit Kreuzblüten, mit Schmetterlingsblüten (wenn sie kein bedeutendes Perisperm haben) und mit zusammengesetzten Blumen bekanntlich sehr schnell aufgehen.

§. 27.

Prunus domestica L.

Die Gartenpflaume ist bekanntlich eine einsaamige Beere mit knochenartigem Kerngehäuse. Der Kern hat nach Gärtner [1]) zwey Integumente, die beyde dünn und häutig sind. Das fleischige, weifse Perispermium ist nach gedachtem Schriftsteller, so zart, dafs es fast nur um die Wurzel des Embryo, welcher eine umgekehrte Lage hat, anzutreffen ist. — Dieser Saame ist, so wie der der Gattungen *Pyrus*, *Amygdalus* und anderer aus der natürlichen Familie der *Pomaceae L.*, seiner Gröfse wegen vorzüglich geschickt, über die Entwicklung der Häute Aufschlufs zu geben. Auch hat Malpighi ihn [2]) zum Gegenstande genauer Untersuchungen gemacht, denen nichts hinzuzufügen seyn würde, wenn nicht die Zeichnungen zu wenig deutlich die Veränderungen der einzelnen Organe in den früheren Perioden darstellten, welche Lücke ich hier auszufüllen versuchen will. Betrachten wir daher den Fruchtknoten von *Prunus domestica L.* wenn er kaum angefangen hat zu schwellen und die Zeugungstheile abgefallen sind [3]). Das Ey zeigt bereits die Trennung von äufserer und innerer Haut; in die erstere begiebt sich ein Gefäfsstrang, um sich darin zu vertheilen; durch die Axe der letzteren erstreckt sich

1) L. c. II. 74. t. 93. 2) *De sem. generat.* t. 37. 38. f. 231—236. 3) Fig. 97.

sich eine cylindrische, am oberen Ende etwas erweiterte Höhle. In der Substanz des Eyerstocks ist noch keine Trennung der harten Kernhülle und des weichen Fleisches zu bemerken. Nach vierzehn Tagen, wenn die Frucht an Gröſse bis auf das Doppelte gewachsen, findet sich im Ey noch keine weitere Veränderung, als daſs die innere Haut an Ausdehnung zugenommen, die äuſsere aber daran abgenommen hat [1]). In der cylindrischen Höhle der ersteren zeigt sich jetzt auch am unteren Ende eine Erweiterung, welche durch ein Häutchen ausgekleidet scheint, das auch durch den übrigen Theil der Höhle sich fortsetzet und als der Anfang des Perisperms zu betrachten ist. Dieses wird deutlicher nach Verlauf von andern vierzehn Tagen: dann stellet das obere Ende dieses Stranges, den Malpighi *umbilicus* nennet, einen länglichten, zelligen und halbdurchsichtigen Stock dar [2]), in dessen Grunde man ein Kügelchen, die erste Spur des Embryo, gewahr wird. Die Zellen der innern Haut, welche ohne Gefäſse ist, sind dann länglicht, sehr durchsichtig und saftreich; die der äuſseren klein, gedrängt, undurchsichtig. Letztere hat in ihrer oberen, spitzeren Extremität eine gelblichgrüne Stelle, in welcher ihre Gefäſszweige, die aus der Vertheilung des Hauptgefäſsbündels vom dickeren Ende her entstehen [3]) zusammenstoſsen. Nachdem noch vierzehn Tage verstrichen, während welcher sich von der äuſsern saftigen Hülle die innere Schaale völlig abgesondert und zu erhärten angefangen hat, zeiget sich am Perisperm eine beträchtliche Ausdehnung sowohl in der Länge, als Breite, vermöge deren der obere verdünnte Theil desselben schlangenförmige Windungen [4]) macht. Seine bis dahin häutigen Wände sind nun verdickt und fleischig, wobey die Zellen die Richtung nach innen gegen die Höhle zu haben. Am Embryo, der am Radikularende mittelst eines kleinen Stranges befestiget ist, haben sich die Coty-

1) Fig. 98. *a. b.* 2) Fig. 99. *b.* Fig. 100. *c.* 3) Gärtner l. c. t. 93. f. 2. *c.*
4) Fig. 101. *c.* Fig. 102. *d.*

ledonen bereits entwickelt. Die weiteren Veränderungen bis zum Eintritt der Reife gleichen denen von *Daphne Mezereum*[1]) ganz und sind aus Malpighi's Darstellungen zu ersehen.

§. 28.

Phaseolus vulgaris L.

Nach dieser Digression fahren wir fort, an einigen andern Pflanzenfamilien die Entwicklung des Eys zu verfolgen. Die *Leguminosae* erweckten in diesem Punkte Malpighi's Befremden. »Bey den Hülsengewächsen sagt er[2]), weicht die Natur von dem bisher Geschilderten etwas ab.« Nach Gärtner findet man in dieser Familie Gattungen mit und andere ohne Perisperm; ja in mehreren Gattungen z. B. *Astragalus*, *Trifolium* kommen, ihm zufolge, Arten mit und andere ohne dasselbe vor. Dieses läſst allerdings auf ein allgemeineres Vorkommen des gedachten Organs schlieſsen und vermuthen, daſs selbiges nur späterhin durch eintretende Veränderungen unsichtbar werde. — Bey *Phaseolus L.* finden wir eine lange plattgedrückte Schote mit schwachangedeuteten Abtheilungen. Der Saame hat bey *Ph vulgaris* nach Gärtner[3]) zwey Häute; eine lederartige und eine häutig schwammige. Ein Perisperm ist nicht vorhanden. Der Embryo gekrümmt und weiſs. — Einige Tage nach dem Abfallen der Blüte, wo die Frucht zur Länge von 1½ Zollen herangewachsen, hat das Ey doch kaum die Gröſse eines Mohnsaamens. Es ist dann noch durchscheinend und man erkennt, obschon bey starker Vergröſserung, nichts in ihm, als eine eyförmige Höhle. Diese ist beträchtlich erweitert, wenn es etwa die Gröſse eines Stecknadelknopfes oder etwas drüber, hat; man unterscheidet dann die beyden Häute, von denen die innere im Vergleich der äuſseren sehr dick ist und aus einer

---

1) S. oben §. 15. 2) A. a. O. 58. 3) L. c. II. 324.

doppelten Zellenlage zu bestehen scheint, einer äuſseren, minder durchsichtigen, grüngefärbten und einer inneren farbelosen. Die Höhle selber ist umgekehrt eyförmig; das dünnere Ende, welches ich das untere nennen will, hat seitwärts der Insertion des Nabelstranges einen spitzen Fortsatz; in der breiteren Extremität aber zeigt sich ein länglicher, drüsenartiger Körper [1]), der sichtbarlich aus der inneren Haut seinen Ursprung nimmt und in welchen das aus dem Nabelstrange eintretende Gefäſsbündel, zum Theile wenigstens, übergeht. Erst wenn das Ey die Gröſse von einem Pfefferkorne hat und seine Häute an einzelnen Stellen undurchsichtig zu werden anfangen, siehet man aus dem Seitenfortsatze der Basis der Eyhöhle, den Malpighi *fretum* nennt, den Embryo, mit einem gallertartigen Perisperm umkleidet, sich erheben [2]). Von der Spitze des letzteren setzet ein feines Häutchen durch die Axe der Eyhöhle sich zu dem drüsigen Körper, welchem es anhängt, fort; dasselbe ist dem, was Malpighi das Nabelgefäſs nennet vergleichbar und sonach das Perispermium als eine Erweiterung und Verdickung der einen Extremität derselben zu betrachten. — Uebrigens ist der Embryo beym ersten Erscheinen grün und sitzet mit seinem Radikularende im Grunde des Höhlenanhangs fest; die Höhle selber aber, oder vielmehr der Sack des Perisperms, ist mit einem Wasser erfüllt. In eben dem Verhältniſse nun, als jener wächst, indem er aus dem Fretum hervortritt [3]), vergröſsert sich auch das Perispermium, doch so, daſs es immer dünn und gallertartig bleibt, auch zwischen ihm und dem Embryo kein bedeutender Raum ist. Zugleich verdichtet sich die äuſsere Haut; die innere aber nimmt im Durchmesser immer mehr ab und auch der drüsige Körper schrumpfet ein, so daſs er bey völliger Reiſe des Saamens nur noch ein gelbliches, warzenartiges Anhängsel an der inneren Haut bildet, welches Gärtner *Chalaza* nennen würde. Vom Perisperm ist in diesem Zustande der

1) Fig 103. c. 2) Fig. 104. e. 3) Fig. 105. b.

Reife keine Spur mehr übrig; es scheint sich daher der innern Saamenhaut ganz angeschlossen zu haben.

§. 29.

Astragalus, Pisum.

Fast auf die nemliche Weise verfährt die Natur bey *Astragalus alopecuroides L.* Die rundlich-eyförmige Hülse enthält hier in jedem Fache mehrere nierenförmige Saamen, die nach Gärtner ein einfaches, papierartiges, nach innen fleischiges Integument haben ohne Perispermium. Auch hier siehet man gleich anfangs die Trennung einer äufseren und inneren Haut, welche sich ganz wie bey *Phaseolus* verhalten. Die Höhle des Eys ist, wie dieses selber, nierenförmig ungleichseitig und in dem spitzeren Ende adhärirt der Embryo, vermittelst einer Unterlage von grünen Kügelchen, eingeschlossen von einem zelligen Perispermium [1]). In der weiteren Extremität der Höhle befindet sich eine bräunliche Stelle mit etwas erhabenen Rändern; hier ist, wie bey *Phaseolus*, ein zartes, röhriges Häutchen befestiget, dessen anderes Ende den Gipfel des Perisperms umschliefset. Dieses Perisperm entwickelt sich schneller, als der Embryo, so dafs zwischen beyden ein bedeutender Raum bleibt [2]), der, so wie die Eyhöhle selber, mit einem Wasser erfüllt ist, und dafs jenes schon die ganze Höhle einnimmt, während der Embryo kaum erst aus dem spitzeren Schenkel hervorgestiegen. — Etwas anders stellt sich diese Entwicklung bey *Pisum satirum L.* dar. Die Schote ist hier länglich, einfächrig und Gärtner findet [3]) eine einfache häutige Bekleidung ohne Perispermium. Die beyden Integumente des Eys verhalten sich wie bey *Phaseolus*. Die mit einem Wasser erfüllte Höhle des Eys ist länglich mit einem absteigenden spitzen Anhange. Aus demselben erhebt

---

1) Fig. 106. 2) Fig. 107. *d*. 3) L. c. II. 332.

sich, wenn die Frucht etwa die Hälfte ihrer Ausdehnung hat, ein walzenförmiges, durchsichtiges Häutchen, an seiner Spitze eine runde, minder durchsichtige Blase tragend [1]), auf welcher der Embryo unmittelbar sitzet; anfangs als ein rundes, grünes Kügelchen, in der Folge aber, wenn sich Cotyledonen und Würzelchen getrennt, mit der Spitze des letzteren. Es schien mir, dafs gedachter Strang im ersten Zeitraume länger sey, als im zweyten [2]), sich also verkürzt habe, indem der Embryo im letzteren Zustande mehr in den spitzen Höhlenanhang (*fretum Malp.*) zurückgezogen ist. Was das Perisperm betrifft, so ist es hier nur durch eine aufmerksame Beobachtung von der innern Haut zu unterscheiden, deren innerste Wand es gleichsam nur auszumachen scheint, indem auch in den frühesten Perioden keine Trennung zwischen beyden zu bemerken ist. Indessen unterscheidet es sich durch seine Farbelosigkeit und seinen lockern Bau von der grünzelligen Masse der letzteren hinlänglich. Eben so habe ich es in *Vicia Faba L.* und in mehreren Arten von *Lathyrus* z. B. *adoratus*, *tingitanus*, *heterophyllus* beobachtet.

§. 30.

Lupinus hirsutus L.

Merkwürdig ist die Ertwicklung des Eys in der Gattung *Lupinus*; merkwürdiger, als alle, so mir bis dahin im Pflanzenreiche vorgekommen. Die Natur zeiget hier einen gröfseren Aufwand von Mitteln, als sie sonst bey dieser, dem Anscheine nach so einfachen, Operation blikken läfst. — Die einfächrige Schote enthält mehrere Saamen, welche nach Gärtner [3]) ein einfaches, dickes, hartes Integument und kein Perispermium haben. Indessen bemerkt er selber, dafs das Würzelchen in

1) Fig. 108. *b*. 2) Fig 109. 3) L. c. II. 324.

einer besonderen Scheide eingeschlossen sey; diese ist weifslich, knorplig und allerdings als ein, wenn gleich partielles, Perispermium zu betrachten. *Lupinus hirsutus L.* ist durch die Gröfse seines Saamens vorzüglich geschickt, seine innere Entwicklung von Anfang an beobachten zu lassen. Einige Tage nach der Befruchtung, wenn die Blüthe so eben abgeworfen, zeigt das senkrecht durchschnitte Ey bereits seine beyden Häute, so wie seine gleich einer Retorte gestaltete Höhle, deren schmälere Extremität sich abwärts gegen den Nabelstrang krümmet. Im Grunde des erweiterten Endes befindet sich eine bräunliche, in Lappen aufgeworfene, wahrscheinlich drüsige Substanz [1]). An den Wänden der Höhle laufen grüne, aus gereiheten Bläschen bestehende Adern oder Faden einerseits in gedachter drüsiger Substanz, andrerseits in der spitzen Basis der Höhle zusammen. Weiterhin wenn das Ey etwas an Ausdehnung gewonnen, siehet man statt dieses Netzes von grünen Fäden einen einfachen Strang grüner Zellen, der in der gekrümmten Axe der Höhle von einer Extremität zur andern läuft und daselbst befestiget ist [2]). Nicht lange, wenn etwa das Ey drey Linien im gröfsten Durchmesser hat, zeigt sich in dessen mit einem Wasser erfüllter Höhle der Embryo als ein blofs grünes Kügelchen. Das adrige Gewebe, welches sich in einem früheren Zeitraume vorfand, ist jetzo verschwunden; statt dessen erhebt sich aus dem Grunde des engeren Höhlenfortsatzes ein tiefgrüner Strang, an dessen Ende der Embryo befestiget [3]). Dieser Strang bestehet ebenfalls aus Bläschen: aber sie sind hier so zusammengedrängt, dafs man deutlich siehet, derselbe sey nichts anders, als der früherhin in der Axe der Eyhöhle laufende zellige Faden, welcher sich von seinem oberen Befestigungspunkte getrennt und verkürzet hat. Uebrigens ist der Embryo samt dem letzteren eingeschlossen in einem zarten Perispermium, welches einerseits bis auf den Grund der Eyhöhle geht, und an dessen Gipfel

1) Fig. 110. c. 2) Fig. 111. c. 3) Fig. 112. e.

andrerseits man das dünne Häutchen adhäriren siehet, welches bey *Phaseolus* und *Astragalus* bemerkt ward und dessen unterer verdickter Theil vermuthlich das Perispermium ist. Letzteres erweitert sich, indem das Ey wächst und wird dabey dichter und consistenter: während der Embryo unterwärts mit seinem Würzelchen mehr in den verdünnten Höhlenfortsatz hinabsteiget, oberwärts mit den Cotyledonen sich in dem mittleren Theile der Höhle erhebt [1]). Ich gestehe, dieser ganze Vorgang ist so sonderbar, daſs ich mir noch nicht hinlängliche Rechenschaft darüber zu geben vermag: aber von der Wahrheit desselben habe ich mich durch wiederholte Beobachtung überzeugt. Auch Malpighi, welcher aus dieser natürlichen Ordnung drey Saamen, die er *Cicer*, *Faba*, *Pisum* nennet, beobachtete, stimmet damit überein. Bey *Cicer* findet er zuerst im Grunde der Höhle einen grünlichen, becherartig vertieften Körper [2]) über dessen Natur und Bestimmung er sich nicht weiter erklärt, der aber ohne Zweifel das nemliche, nur in verschiedener Form ist, was wir bey *Phaseolus* als drüsige Substanz bezeichnet. Zur selbigen Zeit erhebt sich aus dem entgegengesetzten Ende das Amnion (worunter das Perispermium verstanden ist) und nach einigen Tagen wird das Pflänzchen in demselben offenbar [3]). Das fernere Wachsthum desselben wird nun beschrieben, wobey die Abbildung einen der Spitze des Würzelchen anhängenden Strang, dem von *Lupinus* ganz ähnlich, zeigt [4]), ohne daſs die Beschreibung darüber Auskunft gäbe. Von dem becherförmigen Körper wird gesagt, daſs er noch grüne, wenn das Pflänzchen zuerst sichtbar wird, dann aber nach und nach eintrockne. Bey der Bohne und Erbse findet Malpighi weder etwas diesem becherförmigen Körper Analoges, noch ein Amnion in Form eines besondern Bläschens [5]),

1) Fig. 113. *a.* 2) *De seminum generatione* 59.

3) Malpighi sagt a. a. O *in chorio primo manifestatur*; es soll aber unstreitig heiſsen: *in amnio*, welches nur mit den Abbildungen übereinstimmet.

4) Taf. XXXIX. Fig. 240. Litt. O. 5) A. a. O. 59.

und er glaubt daher, daſs die mit einem Wasser erfüllte, allgemeine Höhle des Eys, die er bey *Cicer* dem Chorion analog genannt, dessen Stelle ersetze. Auch der Befestigung des Embryo bey seinem ersten Sichtbarwerden erwähnet er nicht: desto genauer aber beschreibt er das allmählige Wachsthum desselben, worauf wir hier, Wiederholungen zu meiden, verweisen müssen.

§. 31.

Euphorbia Lathyris L.

Linné's *Tricoccae*, Jussieu's *Euphorbia* weichen von der allgemeineren Form der bisher beschriebenen Saamenentwicklungen nicht ab. Bey *Euphorbia L.* finden wir eine dreyfächrige Kapsel und in jedem Fache eine dünnschaalige, zerbrechliche Nuſs, welche seitwärts ihres Befestigungspunkts einen schwammigen Anhang hat, inwendig aber einen elliptischen bräunlichen Saamen mit unebener Oberfläche enthält. Dieser hat nach Gärtner [1]) ein einfaches, lederartiges Integument. In einem fleischigen Eyweiſs ist der umgekehrte Embryo eingeschlossen. Wenn bey *Eu. Lathyris L.* nach beendigter Befruchtung der Eyerstock kaum zur Gröſse einer Erbse angeschwollen, zeiget sich das, von der Grundlage der künftigen Nuſs genau umschlossene, Ey zu äuſserst aus einer grünen zelligen Substanz [2]), welche der äuſseren Haut entspricht, gebildet. Selbige schlieſset eine Lage feineren, durchsichtigeren Zellgewebes ein, welches man für die Grundlage der inneren Haut halten muſs; ein Längendurchschnitt desselben hat ungefähr die Form einer Fuſssohle. Die Höhle des Eys ist schmal und cylindrisch, gegen das eine Ende, welches, der Umkehrung des Saamens wegen das untere, eigentlich aber das

1) L. c. II. 115. 2) Fig. 114 *d.*

das obere ist, etwas erweitert, und mit einem Häutchen ausgekleidet, welches man für den ersten Anfang des Perisperms ansehen muſs, wobey von einem Embryo nichts zu entdecken ist. Bald hernach sehen wir diese Höhle in ihrem oberen Theile erweitert [1]), wobey sie jedoch gegen die untere Extremität hin sich wieder verengert, so daſs diese gleichsam einen Anhang bildet. Das Perisperm, welches selbige bis zu diesem Punkte hin erfüllet, hat ein kleinzelliges Gefüge und in der Spitze desselben wird man den Embryo in Gestalt eines Kügelchens gewahr. Derjenige Theil der ganz gefäſslosen, inneren Haut, welcher diesen Höhlenanhang umschlieſset, ist von einem eigenthümlichen, sehr kleinzelligen, gleichsam drüsigen Bau [2]) und an der inneren Oberfläche derselben erhebt sich ein gelbes Körperchen, dessen Bestimmung mir unbekannt ist. Nach Verlauf einiger Zeit, wenn Höhle des Eys und Perisperm sehr im Durchmesser zugenommen haben, sind äuſsere und innere Haut um vieles dünner geworden, besonders letztere [3]). Der Höhlenanhang fängt an sich zu verlieren, indem die drüsige Substanz der inneren Haut, welche ihn bildet, sich mehr verflächet. An der auswendigen Seite derselben vertheilen sich die Zweige eines Gefäſsstranges, welcher durch eine Oeffnung im Mittelpunkte der unteren Extremität der Nuſs eintritt [4]). Der Embryo zeigt in seiner herzförmigen Gestalt die erste Spur der Cotyledonen. Noch später betrachtet hat die Eyhöhle eine elliptische Gestalt angenommen, indem der mehrerwähnte Anhang verschwunden ist. Sie ist nun mit dem fleischigen, halbdurchsichtigen Perisperm erfüllt [5]) dessen Zellen in horizontalen Reihen zusammenhängen und dessen länglichte Höhle der Embryo kaum erst zum vierten Theile einnimmt. Die innere Haut ist so dünn geworden, daſs sie von der äuſseren oder vom Perisperm nicht mehr zu unterscheiden. Während nun der Embryo wächst und die für ihn zubereitete Höhle des Perisperms nach und nach

1) Fig. 115. *e*. 2) Fig. 115. *c*. 3) Fig. 116. *b*. 4) Fig. 116. *d*. 5) Fig. 117. *c*.

erfüllt, bekömmt die äufsere Haut nach aufsen Risse und Lücken, wodurch sie sich von der nun verhärteten Nufs nach und nach absondert; dieses erklärt die Unebenheiten, welche man auf der Oberfläche des reifen Saamens wahrnimmt.

Fast auf die nemliche Weise entwickeln sich die Theile im *Ricinus communis L.*. Der einzige Unterschied ist, dafs die innere Haut hier keine so bestimmte drüsige Stelle bildet, auch die Vertheilung der Gefäfse nicht auf einen so kleinen Umfang der äufseren Haut eingeschränkt ist, sondern in der ganzen Ausdehnung geschiehet. Aus allem diesem ist aber ersichtlich, dafs die Entwicklung des Saamens in dieser Gewächsfamilie der von *Daphne Mezereum L.* sich sehr annähere.

§. 32.

Momordica Elaterium L.

Bey den *Cucurbitaceis Juss.* finden wir eine Beere von verschiedener Substanz und Form, worin zahlreiche Saamen, deren jeder nach Gärtner[1]) aufser einem Zellgewebe, welches ihn zu äufserst einschliefset (bey *Momordica Balsamina* sich unter der Form eines häutigen Arillus zeigt, bey *Bryonia laciniosa* aber ganz zu fehlen scheint) zwey Integumente hat, ein äufseres, hartschaaliges, zerbrechliches und ein inneres. Innerhalb des letzteren befindet sich nach gedachtem Schriftsteller noch ein drittes, den Embryo zunächst umgebendes: vom Eyweifs (Perispermium) aber ist nichts zu bemerken. Was indessen das hier erwähnte äufserste, harte Integument betrifft, so möchte es im physiologischen Sinne richtiger als eine Nufs zu betrachten seyn, da es im reifen Saamen offenbar aus zwey verwachsenen Stücken bestehet und innerhalb desselben im Ey noch die beyden Häute deutlich zu unterscheiden sind.

---

1) *De fr et sem* II. 45.

Betrachten wir daher den Gang der Entwicklung bey *Momordica Elaterium L.* Wenn die Blüthe kaum vertrocknet und von den zahlreichen Eyern im Fruchtknoten die grösseren etwa eine Linie lang und eine halbe breit sind, siehet man in denselben deutlich die Trennung der schaaligen, der äusseren und der inneren Haut. Letztere, welche ohne Gefässe ist, bildet den bey weitem grössten Theil des Eys [1]) und durch ihre Axe streckt sich eine cylindrische Höhle, in welcher bereits das Perisperm als ein häutiges Gefäss, dessen untere Extremität in eine länglichte Blase ausgedehnt, gesehen wird. Vom Embryo ist noch keine Spur. In der zweyten Periode zeigt sich der untere Theil der Eyhöhle erweitert, so wie auch die Blase des Perisperms [2]) in welcher der Embryo als ein weisses Kügelchen zum Vorschein gekommen. In der dritten Periode hat diese Erweiterung zugenommen und eine spitze Kerbe am oberen Theile des Embryo [3]) beweiset, dass die Cotyledonen anfangen, sich zu entwickeln. Im vierten Zeitraume hat die Eyhöhle sich so vergrössert, dass die innere Haut [4]) nur noch eine dünne Lage bildet. Das noch durchsichtige Perisperm, welches von einem Wasser ausgedehnt und in welchem der Embryo rasch sich entwickelt, hat an seiner Spitze einen Zipfel, welcher die Stelle andeutet, wo bey dem ersten Erscheinen desselben der häutige Strang angesessen. Von der Schaale hat sich die äussere Haut [5]) abgesondert, in welcher ein Gefässstrang läuft, nachdem er durch eine Oeffnung am unteren Ende der Schaale eingetreten. Die weiteren Veränderungen bis zum Eintritte der Reife sind von Malpighi aus einer *planta cucurbitacea* dargestellt [6]): wobey er wiederum den häutigen Strang unserer ersten Periode *umbilicale vas* und die Blase des Perisperms *amnion* nennet; von welchem er erinnert, dass es auch in einer späteren Periode zuweilen mit einem verlängerten *umbilicus* gefun-

1) Fig 118. *c.* 2) Fig. 119. *d.* 3) Fig. 120. *e.*
4) Fig. 121. *c.* 5) Fig. 121. *b.* 6) *De sem. gener.* 58. t. XXXIX. f. 237.

den werde. Ganz der Entwicklung von *Momordica* ähnlich, habe ich die von *Cucumis pubescens Willd.* und *Bryonia alba L.* gefunden.

Dritter Abschnitt.

Allgemeine Betrachtungen über die Entwicklung des Pflanzeneys.

§. 33.

Resultate. Mirbels abweichende Ansicht dieses Gegenstandes.

Aus dem Bisherigen erhellet, wie sehr die Natur bey der unendlichen Reichhaltigkeit der Mittel, die ihr zu Gebote stehen und bey der, alle Fassungskraft übersteigenden, Verschiedenheit der Gestalten, in welchen sich ihre Schöpfungen bey weiterer Entwicklung zeigen, doch in ihren ersten Entwürfen einförmig und gleichartig sey. Es ist mir leid, daſs ich diese Untersuchungen bis dahin nur auf einen kleinen Theil der natürlichen Gewächsfamilie habe ausdehnen können. Besonders wäre es wichtig zu wissen, in wiefern die *Palmae, Tiliaceae, Amentaceae,* desgleichen einige Wassergewächse z. B. *Nymphaea*, *Zostera*, *Najas* sich in den Resultaten, welche sie darbieten, an die übrigen anschlieſsen oder nicht: indessen läſst sich erwarten, daſs keine bedeutende Abweichungen Statt finden werden. Stellen wir demnach zuerst ein allgemeines Resultat auf, so erblicken wir im Pflanzeney gleich nach der Befruchtung ein farbeloses, halbdurchsichtiges Bläschen, welches genauer betrachtet, aus zwey einander einschlieſsenden Häuten mit einer Höhle im Mittelpunkte, zusammengesetzt ist. Jene Häute dehnen sich aus; die zellige Substanz, aus welcher sie bestehen, erweitert sich und erfüllt sich mit Lebenssäften, wodurch ihnen eine grünliche Farbe mitgetheilt wird. Zugleich vergröſsert sich die Höhle des Eys und aus dem Grunde derselben erhebt sich, unter der Form eines rundlichen oder länglichen Bläschens, das zellige Perispermium. Anfangs häutig, dann fleischig oder gallertartig, erfüllt es sich in der Folge mit körniger Substanz, ohne doch immer eine feste Beschaffenheit anzunehmen. In seiner mit einem Wasser erfüllten Höhle zeigt sich früher oder später der Embryo, und zwar zuerst als ein rundes Kügelchen, das aber schnell wächst und seine Bildung vollendet: wobey das Perispermium entweder in eine feste Masse erstarret oder als ein dünnes Häutchen übrig bleibt oder auch mit den Häuten des Eys verwächst und dann keinen abgesonderten Körper mehr darstellet. Letztere verlieren bey diesem Wachsthume des Embryo ebenfalls ihre Saftfülle und verdienen nun erst eigentlich den Namen bloſser Häute.

Einige Saamen scheinen in ihrer Entwicklung von dem ebenbeschriebenen Vorgange kleine Abweichungen zu machen; vielleicht wird eine fortgesetzte Beobachtung höhere Gesetze erkennen lassen, worin sich diese scheinbaren Anomalieen auflösen. Auch finden wir Malpighi's Beobachtungen über diesen Gegenstand mit den unsrigen ganz übereinstimmend, abgerechnet, daſs er die Theile anders benennet, indem er die Analogie mit dem nemlichen Vorgange, wie er sich im thierischen Körper darstellt, aufzuzeigen bemüht ist. Man hat diese Beobachtungen verdächtig machen wollen: denn freylich ist es bey einem schwierigen Gegenstande bequemer zu läugnen, als eine mühsame und öfters vergebliche Untersuchung lange genug fortzusetzen. In diesen Tadel ist der gelehrte Gärtner nicht verfallen, indem er jenem Schriftsteller ganz gefolgt ist [1]): einige Abänderungen ungerechnet, welche die durch ihn

1) *De fruct. et sem.* I. *Introd.*

sehr erweiterte und vervollkommnete Kenntnifs der Theile des Saamens nöthig zu machen schien. Am weitesten von Malpighi hat sich unstreitig Mirbel entfernt. Von der Idee eingenommen, dafs die ganze innere Masse des Pflanzenkörpers ein Continuum und ein und dasselbe Wesen sey, nur abgeändert und auf verschiedenen Stufen der Bildung begriffen in den einzelnen Elementarorganen, woraus derselbe bestehet, wendet er diese Ansicht auch auf den Zustand des in der Entwicklung begriffenen Eys an. »Durchschneidet man, sagt er [1]), den bis zu einer gewissen »Gröfse gelangten Saamen von *Acanthus* (und mit geringen Abände-»rungen findet man das Nemliche bey andern Saamen) so bemerkt man »gegen die Mitte den noch sehr kleinen Embryo, umgeben von einem »zarten und durchsichtigen Zellgewebe, dessen Zellen mit einem Wasser »gefüllt sind, so dafs derselbe in einer Flüssigkeit zu schwimmen scheint. »Dieses Zellgewebe ist eingeschlossen von einem andern, minder durch-»sichtigen, minder mit Flüssigkeit durchdrungenen und deshalb mehr in »die Augen fallenden. — Malpighi hielt das zwiefache Zellgewebe, »welches den Embryo umgiebt, für zwey häutige Säcke, deren Einer »den andern einschliefset; ein Irrthum, wozu ihn die Durchsichtigkeit »der Häute verleitete. Gewifs ist, dafs der Embryo und beyde Zellen-»massen aus einem und dem nemlichen ununterbrochenen Parenchym »gebildet sind und dafs die anscheinende Verschiedenheit von der Be-»schaffenheit der Zellen, die mehr oder minder entwickelt sind und vor-»nemlich von der Art der Substanzen, die selbige erfüllen, herrühre. — »Das Wachsen des Embryo geschiehet, indem das demselben angrän-»zende durchsichtige Zellgewebe seine Natur ändert. Es zeigen sich »Gefäfsverästelungen darin, es wird weifs und undurchsichtig, wie der »Embryo selber und bald vermehrt es dessen Masse. Während dessen

1) *Memoire sur l'Anatomie et la Physiologie des Labiées. (Annal. du Mus. d'Hist. nat.* Tom. XV. 248.

»wird das Zellgewebe des Umfanges von Flüssigkeit durchdrungen, so »daſs es scheint, als drängte der Embryo das durchsichtige und dieses »das undurchsichtige Zellgewebe zurück: allein das Wahre ist, daſs die »Membranen des Zellgewebes die erste Grundlage des Embryo sind, »welcher sich allmählig entwickelt.«

Nur eine oberflächliche Beobachtung, eine vereinzelte Erfahrung und eine vorgefaſste Meinung können auf die in diesen Worten geäuſserte Ansicht führen. Denn, wie genau auch die einzelnen Theile des Eys sich umschlieſsen, bemerkt man doch in keiner Periode der Entwicklung desselben zwischen der Oberfläche des Embryo und seinen Umhüllungen den geringsten Zusammenhang. Eben so wenig findet dieser in den früheren Zeiträumen unter den einzelnen Häuten Statt, und wenn man ihn späterhin gegen die Reife antrifft, so ist dieses nur ein Zusammenkleben vermöge ihres Saftes, welcher klebrig wird und vertrocknet. Sodann aber ist der Bau des Embryo und seiner Umhüllungen sehr unähnlich; die innere Haut ist von Gefäſsen durchzogen, welche den übrigen inneren Theilen des Eys fehlen, die Zellen der äuſseren Haut haben eine ganz andere Richtung, als die der inneren und was der Verschiedenheiten mehrere sind, die alle den Gedanken einer Verwandlung dieser Theile in einander gänzlich entfernen müssen.

§. 34.

Aeuſsere Haut des Eys.

Es ist aber nöthig, die einzelnen Theile des in der Entwicklung begriffenen Pflanzeneys noch genauer zu betrachten. Um von den Umhüllungen anzufangen, so hat die äuſsere Haut *(membrana externa)* bey den verschiedenen Beobachtern verschiedene Namen. Malpighi, von der Analogie der beyden belebten Reiche hingerissen, nannte sie *secundinae externae;* Gärtner *Testa*, indem seine Untersuchungen sie ihm fast nur im reifen Zustande kennen lehrten, wo sie entweder dick und hart oder, im Falle sie sehr dünn, mit dem inneren Integument verwachsen, also nicht für sich darstellbar ist. Richard nannte sie früher *perisperme* [1]); da aber dieser Ausdruck von Jussieu bekanntlich in einem andern Sinne gebraucht worden, nemlich zur Bezeichnung des Körpers, welchen Gärtner Eyweifs *(Albumen)* nennet, so hat er in einer späteren Schrift [2]) denselben mit *episperme* vertauscht.

Diese äufsere Haut ist sohon in ihrer ersten Anlage von der inneren verschieden. Zwar hält Gärtner diese Trennung für das Werk der Befruchtung. »Die Testa, sagt er [3]), verdankt der Befruchtung allein »ihre Absonderung von der übrigen Masse des Eys. Im unbefruchteten »Ey nemlich bildet ein parenchymatöses Wesen nebst der Oberhaut das »Ganze.« Allein man untersuche den Fruchtknoten z. B. von *Daphne Mezereum L.* ehe noch die Staubbeutel sich geöffnet, also ehe die Befruchtung vor sich gegangen, und man wird deutlich beyde Häute des Eys schon gesondert antreffen. Es ist daher wohl nur die Kleinheit und Durchsichtigkeit der Theile die Ursache, dafs man diese Sonderung in vielen Fällen vor geschehener Befruchtung nicht wahrnimmt. Die äufsere Haut ist durchaus von zelliger Beschaffenheit und diese Zellen sind meistens kleiner und gedrängter, als diejenigen woraus die innere besteht. In ihrer Zusammensetzung bemerkt man zuweilen eine gewisse Richtung vom Umfange gegen den Mittelpunkt und vornemlich findet dieses bey den *Leguminosis* Statt. »Die äufsere Saamenhaut der Bohne, sagt »Malpighi [4]), besteht aus Röhrchen, die eine wagerechte Lage haben, »so dafs sie einerseits sich auf der Oberfläche öffnen, andrerseits nach »innen sich in Schläuche und Säckchen endigen. Eben diese Bildung »be-

1) *Du fruit* 27. 2) *Analyse bot. des embryons endorhizes*, 225. 3) L. c. T. I. p. LIX.

4) *De secundinis et contento plantar. fretu* 75. cfr. t. LII. f. 301. 302.

»bemerkt man bey den Erbsen und Lupinen.« Hieraus wird ein gewisser Gang der Säfte in der äufsern Saamenhaut von innen nach aufsen oder auch von aufsen nach innen wahrscheinlich, obschon die gedachte strahlenförmige Richtung der Zellen in vielen andern Fällen nicht wahrgenommen wird. Gefäfse siehet man in dieser Haut nur dann, wenn die innere Haut deren nicht hat, wie bey *Daphne, Prunus,* den *Euphorbiis* und *Cucurbitaceis.* In diesem Falle verhält sich die äufsere Haut ganz wie die innere und ich war lange zweifelhaft, ob ich sie hier nicht mit diesem Namen belegen, der aufserdem noch vorhandenen inneren Haut aber eine besondere Benennung geben und die schaalige Haut, welche das Kerngehäuse bildet, als etwas der äufseren Haut Analoges betrachten sollte, wie es Gärtner bey *Ricinus* und den *Cucurbitaceis* gethan. Allein es schien mir besser, die Allgemeinheit eines Satzes aufzugeben, als der Natur Gewalt anzuthun. Eben so verschieden, wie die innere Organisation der äufseren Haut ist auch ihr Durchmesser. Bey den Saamen, die von einer häutigen Kapsel umgeben, pflegt sie von beträchtlicher Dicke und Festigkeit; bey denen hingegen, die in einer Nufs eingeschlossen, sehr dünn zu seyn, wie schon Gärtner [1]) bemerkt, so dafs sie oft zur Zeit der Reife mit der inneren verwächst und dann ganz zu fehlen scheint. Die Zeit ihrer Erhärtung ist die, wo der Embryo zunimmt: dann wird sie undurchsichtig, färbet sich und verliert ihre Säfte, welche höchst wahrscheinlich zur Entwicklung der übrigen Theile des Eys und besonders des Embryo verwandt werden. Wenigstens gilt dieses von den nährenden Theilen, wobey vielleicht die mehr wäfsrigen durch den Nabelstrang der Mutterpflanze wieder zufliefsen. Das Zellgewebe der äufseren Haut geht daher mit völliger Continuität in die Rindensubstanz des Nabelstranges über und dieses macht die horizontale sowohl, als absteigende Bewegung der Säfte in jener Haut noch wahrscheinlicher, indem

1) L. c. T. I. p. cxxxii.

eine solche Bewegung in der Rinde überhaupt Statt findet. Indessen wird gegen die Zeit der Reife eine Anlage zur Trennung zwischen dem Zellgewebe des Nabelstranges und der äufseren Haut immer merklicher und wenn diese endlich nach Eintretung jenes Zeitpunkts erfolget, zeigt sich an der Stelle, wo die Trennung Statt gefunden, der Nabel. In diesem Zustande bemerket man auf der äufseren Haut öfters Unebenheiten, Warzen, Auswüchse und dergl. Diese hat sie nicht ursprünglich, sondern sie entstehen erst, wenn der Embryo sich bildet und die Bestimmung derselben ist mir unbekannt. Bey der Balsamine gleichen sie unter mäfsiger Vergröfserung den Poren von der Oberhaut: doch will ich sie nicht mit Gewifsheit dafür ausgeben.

§. 35.

Innere Haut.

Wenn man aus dem Umfange eines Organs einigen Schlufs auf dessen Wichtigkeit im belebten Körper machen kann, so ist die innere Haut wichtiger bey der Entwicklung des Pflanzeneys, als die äufsere: denn in den meisten Fällen übertrifft sie diese in den früheren Perioden sehr an Durchmesser, wovon nur einige Gewächse, *Asclepias nigra*, *Elymus glaucifolius*, *Euphorbia Lathyris* eine Ausnahme zu machen scheinen. Unter jenen Umständen macht sie den gröfsten Theil der Masse des Eys aus, so dafs man zuweilen die äufsere Haut ganz übersehen kann. Nach der Analogie mit der lederartigen Haut, die den thierischen Fötus zu äufserst umkleidet, wird sie vom Malpighi *chorion* genannt, wie aus der Vergleichung seiner Figuren und Beschreibungen mit der Natur erhellet. Gärtner, welcher selber wenige oder keine Untersuchungen über die Entwicklung des Eys angestellet zu haben scheinet, ist daher in einen Irrthum verfallen, indem er Malpighi's Chorion von der inneren Haut unterscheidet. »Das Pflanzeney, sagt er [1]), besteht aus ent»haltenden und enthaltenen Theilen. Die ersteren theilen sich in Testa »und innere Haut; der letzteren sind überhaupt vier, nemlich *Chorion*, »*Amnion, Sacculus Colliquamenti* und Embryo, welche zusammengenommen den Kern *(nucleus)* bilden. Das Chorion des Malpighi ist »das parenchymatöse Wesen, welches im unbefruchteten Ey dessen ganze »Masse bildet, wovon kurz nach der Befruchtung ein Theil zur Bildung »der Testa sich absondert, der andere und gröſsere aber sich in eine Flüs»sigkeit auflöset. Die innere Haut entstehet ganz neu nach der Befruch»tung und im unbefruchteten Ey ist noch keine Spur davon vorhanden.« Allein bey Malpighi ist *Secundinae externae* offenbar nur Eine Haut und zwar die äuſsere: die zellige Substanz aber von dieser bis zum *Amnion* oder *Sacculus Colliquamenti* heiſset eben bey ihm das *Chorion* und eine dritte zwischen beyden etwa befindliche Zellenschicht giebt es nicht in irgend einem Zeitraume. Auch sagt Malpighi vom *Chorion* nicht das es verschwinde oder unsichtbar werde, »*Exinanitur, absu»mitur chorii succus — Chorii moles fere oblitteratur — Chorii spa»tium anctius redditur*« sind seine Worte [2]). Alles dieses passet auf die innere Haut, die daher nicht auf Kosten des *Chorion* entstehet, wie Gärtner glaubt, sondern mit ihm ein und dasselbe Organ ist.

Mit noch gröſserem Unrechte zieht Richard die Selbstständigkeit der inneren Haut in Zweifel. »Das Perisperm, sagt er [3]) ist immer ein»fach und wird gebildet durch ein gefäſsreiches Parenchyma, welches »zwischen zwey Häute eingeschlossen ist, der Epidermis, welche am »Nabel durchlöchert und unterbrochen und der häutigen inneren Wand »*(membrane parietale interne)* welche überall zusammenhängend ist. »Letztere trennt sich sehr oft durch Kunst oder von selber und dann »haben einige Botanisten das Perisperm als doppelt betrachtet: allein

---

1) L. c. Tom. I. p. LVIII. LIX. 2) *De seminum generatione* 57. 58. 59. 3) *Du fruit* 34.

»man erkennt diese Trennung eines einzigen Integuments in zwey Blät»ter an der Zerreifsung der Gefäfse und der Entblöfsung des Parenchyma, »welches sie vereinigte.« Ist gleich in dieser etwas dunkeln Stelle jene Meinung nicht ganz deutlich ausgesprochen, so liegt sie doch unverkennbar darin und diese Annahme erhält dadurch ihre Bestätigung dafs R. in seinen Beschreibungen der Saamen immer nur eines einzigen Integuments erwähnt. Allein wenn gleich zugegeben werden mufs, dafs im reifen Saamen sehr oft nur ein solches angetroffen werde, wie auch Gärtners Beschreibungen zeigen, so ist doch zu bedenken, dafs die Umhüllungen des Saamens in diesem Zustande nur noch ein Ueberbleibsel, gleichsam das leblose Gerippe von dem sind, was sie früher waren. Will man sich daher über ihre Anwesenheit belehren, so mufs man den Saamen in seinen früheren Entwicklungsperioden untersuchen und dann zeigt sich die innere Haut allemal als ein besonderes von der äufseren vollkommen getrenntes Organ, welches jedoch gegen die Zeit der Reife oft mit ihr verwächst und dann nicht mehr getrennt darzustellen ist. Indessen gilt alles dieses nur in physiologischer Hinsicht: denn eine andere Frage ist: ob diese Trennung zwischen innerer und äufserer Saamenhaut in systematischer Rücksicht Werth habe; eine Frage, die bey näherer Erwägung wohl verneinend entschieden werden dürfte.

§. 36.

Bau und Veränderungen der inneren Haut.

Aus dem, was über die Entwicklung des Eys von *Potamogeton* angemerkt worden, erhellet, dafs die innere Haut oft bey ihrem ersten Erscheinen sehr dünn und von einem compakten Bau ist und erst in der Folge im Durchmesser beträchtlich zunehme, indem die Zellen sich mit Saft anfüllen. In den meisten Fällen jedoch ist sie ursprünglich schon von der letzteren Beschaffenheit. Dafs sie aus blofsem Zellgewebe bestehe, ist augenscheinlich und so schildert und beschreibt auch Malpighi sein *Chorion.* Diese Zellen liegen insgemein der Länge nach, wenigstens nicht so gegen die Centralhöhle des Eys gerichtet, als bey der äuſseren Haut und man kann hieraus auf eine Verschiedenheit der Saftbewegung in beyden schlieſsen, insofern sie bey jener mehr gegen eine der Extremitäten des Eys zu gehen, in dieser überall von auſsen nach innen oder von innen nach auſsen zu dringen scheinen. An ihrer Oberfläche wird sie allenthalben von der äuſseren Haut berührt, hängt aber nur auf Einem Punkte mit ihr zusammen, welches gemeiniglich der ist, wo die Gefäſse aus dem Nabelstrange eintreten. Nur einen einzigen Fall habe ich wahrgenommen, wo zwischen der äuſseren und inneren Haut ein Raum ist, nemlich bey den *Asperifoliis* z. B. *Lycopsis, Anchusa, Lithospermum* aber auch dieses nur in einem früheren Zeitraume. Von der inneren Haut umschlossen ist die Höhle des Eys und die Bildung derselben ist, so wenig als die Trennung von äuſserer und innerer Haut das Werk der Befruchtung, indem man sie bereits vor Beendigung derselben wahrnimmt. Indessen ist sie anfänglich oft ungemein klein, wie sie auch Malpighi bey den Erbsen [1]) schildert. Indem sie sich erweitert, gewinnt sie zugleich die passende Form für Aufnahme der wesentlichsten Theile des Eys, des Perisperms und Embryo; doch so, daſs deren Wachsthum keinesweges ihre Form bestimmt, indem sie schon ausgebildet ist, wenn gedachte Theile noch nicht vorhanden oder erst im Entstehen begriffen sind. Dann nemlich hat sie die bedeutendste Masse im Verhältniſs zu den übrigen Theilen des Eys und ihre Zellen sind mit Saft gefüllt, der sich späterhin nach und nach verzehret, so daſs wir nicht umhin können, sie in dieser früheren Periode für das vorbereitende Organ des Perisperms zu halten. Nehmen wir daher an, daſs von der äuſseren Haut ein mehr gallertartiger Saft gegen das Innere des Eys

1) T. XL. f. 242. c.

herzudringe (und ihre Analogie mit der Rindensubstanz macht dieses allerdings wahrscheinlich), so deutet das losere, durchsichtigere Zellgewebe der inneren Haut auf Erzeugung eines wässrigen Saftes der, mit jenem sich vermischend, ihn zur Assimilation geschickter macht, so wie der aufsteigende Baumsaft sich zu gleichem Behufe mit dem gallertartigen Rindensafte, der durch die horizontalen Insertionen herbeygeführt wird, vermischet.

§. 37.

Gefäſse der inneren Haut.

Auf diese mehr wäſsrige Beschaffenheit des Saftgehalts der inneren Haut deuten auch die zahlreichen Spiralgefäſse, welche wir in derselben antreffen. Ihr Vorkommen in derselben ist nicht allgemein, wie Gärtner [1]) anzunehmen scheint: denn, wie oben schon erinnert, zuweilen nimmt die äuſsere Haut die Gefäſse auf und dann entbehrt die innere derselben, wie beym *Mezereum*, der Pflaume, den Euphorbien und Cucurbitaceen, welchen auch einige Gewächse der Malvenfamilie z. B. *Lavatera*, *Sida*, desgleichen einige Najaden z. B. *Ruppia*, *Potamogeton* scheinen zugezählt werden zu müssen. So wie daher in diesen Fällen die äuſsere Haut sich der Natur der inneren nähert, so die innere der Natur des Perisperms. Auf ähnliche Art nehmen wir wahr daſs von den äuſseren Umhüllungen der Zeugungstheile, nemlich Kelch, Krone und Nectarium eines zuweilen die Natur des andern annimmt. Die Art wie die Gefäſse sich in der inneren Haut vertheilen, ist sehr verschieden. Im Nabel eintretend, erweisen sie sich deutlich als eine Fortsetzung vom Gefäſsbündel des Nabelstranges und sind deshalb für wahre Spiralgefäſse anzunehmen. Nach ihrem Eintritte bleiben sie entweder ein einfacher

1) L. c. I. cxxxiv.

Strang oder sie vertheilen sich in Aeste. Ersteres finden wir bey den meisten Saamen: doch auch hier ist wieder ein Unterschied. Entweder nemlich endiget sich dieser Gefäſsstrang, nachdem er vom Nabel an den halben Umkreis der Eyhöhle zurückgelegt hat, plötzlich, wie bey *Pisum satirum*, *Lathyrus satirus*, *Lupinus albus*, *Vicia bithynica*, *Salvia Verbenaca*, *Convolvulus tricolor*, *Coriandrum satirum:* oder er durchläuft die ganze Peripherie der inneren Haut und kehrt dann fast wieder zu seinem Eintrittspunkte zurück, wie bey *Scoszonera hispanica*. Bey *Mirabilis Jalappa*, *Evonymus europaeus*, *Dolichos Lablal* theilt er sich gleich nach dem Eintritte in zwey Aeste, welche an der dem Nabel entgegengesetzten Extremität des Saamens wieder zusammenkommen und sich daselbst endigen. Bey *Phaseolus vulgaris* treten zwey Gefäſsstämme am entgegengesetzten Ende, als wo die Spitze des Würzelchens anliegt, in die Nabelöffnung ein und geben dann jeder einen Hauptast von sich, welcher, dem Umkreise des Nabels folgend, sich gegen die Spitze des Würzelchens begiebt und an seiner äuſseren vom Nabel abgekehrten Seite zahlreiche Aeste in die Höhe sendet. Die beyden Hauptstämme verlängern sich hiebey in der dem Würzelchen entgegengesetzten Richtung und in paralleler Lage, bis sie sich an der gegenüberliegenden Extremität des Saamens, als wo sie eingetreten, endigen. Bey *Helianthus annuus* sind gleichfalls mehrere Gefäſsstämme da, welche, indem sie die innere Haut in der Peripherie durchlaufen, mehrere Seitenzweige von sich geben. Bey *Cerinthe*, *Canna* theilt sich der Gefäſsstrang nachdem er eingetreten, sogleich in zahlreiche Aeste, welche in allen Richtungen an der inneren Haut divergiren. Nicht minder verschieden ist die Art, wie die Gefäſse sich in der äuſseren Haut vertheilen, wenn diese selbige aufnimmt: auch hier nemlich bilden sie bald einen einfachen Strang, der um die Peripherie des Saamens geht, wie bey den Gurken, bald giebt derselbe gleich bey seinem Eintritte zahlreiche Verzweigungen von sich, wie bey *Ricinus*, *Prunus* und andern.

§. 38.

Gärtners Chalaza.

Merkwürdig ist, daſs bey *Euphorbia Lathiris* und *Zea Mays* die Vertheilung der Gefäſse an den Integumenten auf eine sehr kleine rundliche Scheibe beschränkt ist, welche bey dem letztern an der Basis d. i. dem Befestigungspunkte des Saamens, bey der ersteren aber am entgegengesetzten Ende sich befindet. Im Mittelpunkte dieses scheibenförmigen Körpers nemlich, der sich durch seine Dicke und seinen compakteren Bau auszeichnet, tritt das Gefäſsbündel des Nabelstranges ein und vertheilt sich divergirend nach allen Seiten. Gärtner nennt diesen Körper bey *Zea Mays* und bey *Mercurialis*, wo er sich eben, wie bey *Euphorbia*, verhält, *Chalaza* und dieses führt uns auf die Untersuchung dieses merkwürdigen Attributs der Saamenhäute. »Der innere Nabel, »sagt Gärtner [1]) ist der Punkt, in welchem der Nabelstrang oder das »Nahrungsgefäſsbündel in die eigenthümliche Haut des Kerns eintritt. »Oft fällt dieser Punkt mit dem äuſseren Nabel zusammen, aber nicht »selten geht der Nabelstrang, nachdem er durch die schaalige (äuſsere) »Haut des Saamens eingetreten, weiter und endet dann meistens am ent»gegengesetzten Ende des Kerns, woselbst er eben jenen innern Nabel »bildet, der, bald als ein gefärbter Fleck, bald als ein kleiner knorpli»ger Höcker erscheinend, bey uns den Namen Chalaza führt.« Und an einer andern Stelle [2]) heiſst es: »Die Chalaza nimmt aus den letzten »Endungen der Umbilicalgefäſse oder aus den Ueberbleibseln des einge»trockneten Chorion ihren Ursprung und ist auf der äuſseren Oberfläche »der inneren Saamenhaut zu sehen. Der seltnere Fall ist, daſs sie am »äuſseren Nabel liegt, dann bildet sie einen schwarzen Kreisfleck bey

»*Eleu-*

---

1) *De fr. et sem.* I. CXV. 2) L. c. I. CXXXV.

»*Eleusine*, einen dicken, schwammigen Untersatz beym Mays, eine »kleine Schuppe bey *Hibiscus*, *Lavatera* u. s. w.: das häufigste aber »ist, daſs sie sich am entgegengesetzten Ende des äuſseren Nabels be»finde, und dann ist sie immer von runder Form mit einer mäſsigen Er»habenheit, wie bey *Citrus*, *Staphylea* und andern.« Hiernach scheint Gärtners Meinung zu seyn, daſs die Umbilicalgefäſse die Chalaza bilden, indem sie die innere Haut, auf deren Oberfläche sie bis dahin nur fortliefen, durchbohren, wobey sie sich endigen. Ueberhaupt aber ist zu bemerken, daſs Gärtner jede durch Farbe und Hervorragung sich auszeichnende Stelle der Integumente mit Chalaza zu bezeichnen pflegt z. B. bey *Zea*, *Ricinus*, *Mercurialis*, *Sparganium*, *Lavatera*, *Staphylea*, *Dictamnus* und andern. Untersucht man nun diesen, gemeiniglich unter einer braunen Farbe erscheinenden Theil in einer früheren Epoche, so ist es offenbar ein drüsiges Organ, welches sich durch grüngelbliche Färbung und einen compakteren Bau von der übrigen Gefäſshaut, es sey dieses nun die äuſsere Haut, wie bey *Daphne*, *Pyrus*, den *Cucurbitaceis* oder die innere, wie bey den *Asperifoliis*, *Papilionaceis* und den meisten übrigen Gewächsen, auszeichnet, und zur nemlichen Zeit, wie diese, in seiner gröſsten Entwicklung ist, mit derselben aber auch vertrocknet. Obschon es allerdings eine Beziehung auf die Nabelgefäſse hat, so ist diese doch sehr verschieden. Nemlich entweder dienet diese drüsige Substanz blos zum Substrat des Eintritts der Gefäſse, wie bey *Ricinus*, *Daphne*, *Lycopsis*; oder sie bildet eine scheibenförmige Ausbreitung, innerhalb deren die Vertheilung der Nabelgefäſse beschränkt ist, wie bey *Zea*, *Euphorbia*; oder sie macht eine mehr oder minder hervortretende Erhabenheit an der inwendigen Oberfläche der inneren Haut, wohin ein oder einige Hauptstämme der Umbilicalgefäſse sich begeben, wie bey *Phaseolus*, *Ervum*, *Dolichos*, *Reseda*, *Evonymus*, *Ornithogalum* oder sie verhält sich als eine bloſse durch Farbe und Consistenz ausgezeichnete Stelle des Zellgewebes, worin nährende Gefäſse übergehen, wie bey *Tropaeolum*, *Pyrus*, *Echinops*, *Cucumis*, *Anthericum* u. s. w. Gärtners Meinung ist also dahin zu erweitern, daſs die Chalaza überhaupt eine drüsige Stelle der inneren oder äuſseren Haut ist, welche Aeste von den Umbilicalgefäſsen oder auch den Hauptstamm derselben aufnimmt. Es ist sehr wahrscheinlich, daſs ihre Anwesenheit auf die Absonderungen dieser Häute Bezug habe, und daſs, wo sie nicht vorhanden, ihre Function durch das gesammte Organ, dem sie angehört, ersetzet werde. Daſs aber die Umbilicalgefäſse hier die Integumente durchbohren, indem sie mit ihren Mündungen sich in der Höhle derselben auf eine unmerkliche Weise öffen [1]), ist als eine bloſse Voraussetzung zu betrachten; so wie die Ansicht, daſs die Chalaza ein Ueberrest des vertrockneten Chorion sey, nicht von diesem Organ insbesondere, sondern von der ganzen inneren Haut gilt, wovon jene nur ein Theil ist. Daſs endlich die Lage dieser Chalaza am Saamen den Gipfel derselben bestimme, wie Richard [2]) will, ist theils der Natur entgegen, insofern der Ort derselben oft mit dem des äuſseren Nabels zusammenfällt; theils noch sehr zweifelhaft, insofern die Kenntniſs der Chalaza und ihrer Lage am Saamen überhaupt noch sehr unvollkommen ist.

§. 39.

Perispermium und dessen Vorkommen.

Von allen Umhüllungen des Embryo umgiebt das Perispermium denselben zunächst, dieser Ausdruck, womit Jussieu, Mirbel und Correa de Serra den gedachten Theil bezeichnen, scheint deshalb der passendste, so wie er dem früheren und späteren Zustande und den verschiedenen Formen unter denen derselbe sich zeigt, bey weitem mehr angemessen ist, als Eyweiſs *(albumen)* wie Gärtner ihn benennet. Ri-

1) Gärtner l. c. I cxxxiv. 2) *Du fruit* 35.

chard nennt ihn *endosperme*[1]) ohne die Gründe für die Abschaffung der älteren Benennung anzugeben. Gärtner sagt von ihm[2]), er werde von Malpighi unter die »*Secundinae internae*« gerechnet, und Mirbel hat[3]) dieses nachgeschrieben: allein ich habe diese Bezeichnung bey Malpighi nirgend finden können: vielmehr nennt er diesen Theil *amnion* und *colliquamenti vesicula*, indem selbiger ihm nur in seinen früheren Erscheinungsarten bekannt war.

Nach Malpighi findet ein dreyfaches Vorkommen des Amnion Statt, nemlich: 1) Es geht zuerst ein Strang, *umbilicus*, *umbilicale vas* genannt, durch die Axe des Eys, an dessen unterem Ende sich eine Blase bildet, immer gröſser wird und an ihm, wie an einem Stiele, zu hängen scheint. Dieser Fall findet sich bey den Mandeln, Aepfeln, Gurken. 2) Es ist ebenfalls eine Blase oder ein zelliger Körper vorhanden, aber ohne Hinzukunft eines Stranges, eines Umbilicus, wie beym *Ervum*, dem Lorbeer, Lein u. s. w. 3) Es ist überhaupt kein Amnion da, sondern nur eine mit Colliquamentum gefüllte Höhle, welche »dem Amnion analog ist und die Stelle desselben ersetzet«[4]). Dergleichen ist Malpighi nur bey den Erbsen und Bohnen vorgekommen. — Gärtner hat diese Beobachtungen Malpighi's näher bestimmt. Nach ihm ist dessen Umbilicus offenbar eine Fortsetzung des Nabelstranges und seiner Gefäſse. »Die Blase des Schaafwassers (*sacculus colliquamenti*), sagt er[5]), nimmt aus dem inneren Ende des Nabelstrangs ihren Ursprung und geht mitten durch die Substanz des Chorion zur entgegengesetzten Seite des Eys, wo sie sich mit ihrer blinden Extremität endiget, doch so, daſs sie daselbst nicht mit den Integumenten ver-

1) L. c. 37. 2) L. c. I. CXXXVIII. 3) *Anat et Physiol. d. Labiées.* 245.

4) Malpighi l. c. 59. Doch scheint er S. 62. wieder zweifelhaft, indem er sagt: *an vero in siliquaceis contentus humor, a secundinis. multip ici o ganorum structurá donatis, instillatus, chorii v ces suppleat, multum probabilitatis habet.*

5) L. c. I. LXI.

wachsen, sondern frey und gleichsam schwimmend ist.« Sodann macht er einen sorgfältigen Unterschied zwischen *amnios* und *sacculus colliquamenti.* Jenes ist ihm die Flüssigkeit, Malpighi's *colliquamentum* selber, welche zuweilen in einem Sacke eingeschlossen ist, am häufigsten aber nicht. Im letzteren Falle bleibe sie bey einigen z. B. *Pisum, Lathyrus* und andern Schotengewächsen immer flüssig, bis sie vom Embryo nach und nach verzehret werde: bey vielen andern aber sey sie in Zellen enthalten, aus denen der flüssige Theil zur Nahrung des Embryo übergehe, der dickere aber mit zunehmender Reife des Saamens in einen, oft sehr harten Körper, das Eyweiſs, erstarre [1]). — Was nun diejenige Entstehungsart des Perisperms betrifft, da ein Gefäſs, ein zelliger Strang, welcher die Höhle des Eys durchläuft, sich an einem Ende in eine Blase erweitert, die allmählig gröſser wird, so ist gewiſs, daſs dieser Fall oft vorkömmt und den von Malpighi angeführten Beyspielen sind noch *Arctium, Daphne, Euphorbia* und *Linum* beyzuzählen. Indessen folgt aus den bisherigen Beobachtungen noch keinesweges, daſs jenes zellige Gefäſs eine Fortsetzung des Nabelstrangs sey, dessen Gefäſse vielmehr Spiralgefäſse sind. Es ist wahr, beym Lein scheinen diese letzteren durch das Zellgewebe der inneren Haut zu setzen, um sich jenem zelligen Strange zu inseriren und bey *Echinops, Arctium, Cucumis* gehen sie deutlich nach der Gegend hin, wo derselbe anhängt. Allein einen förmlichen Uebergang, so wahrscheinlich er ist, habe ich bis jetzt nicht wahrnehmen können und dieses bleibt daher künftiger Beobachtung aufbehalten. Sodann aber ist noch immer die Frage: ob in den Fällen, wo Malpighi's *umbilicale vas* zu fehlen scheint, es auch wirklich fehle. Wir haben gesehen, daſs beym Lein, wo Malpighi kein solches fand, es doch wirklich, wenn gleich von geringer Länge vorhanden ist: sollte es demnach nicht von allgemeinerem Vorkommen seyn?

---

1) L. c. I. LX.

Dieser Theil ist so zart, daſs er bey der Gewalt, die das Ey bey der Untersuchung nothwendig erleidet, unzählige male reiſsen muſs, ehe es einmal gelingt, ihn deutlich darzustellen. Und was endlich den dritten der von Malpighi unterschiedenen Fälle betrifft, so ist auch hier die Abweichung nicht so groſs: denn bey *Lupinus*, *Phaseolus* und *Astragalus* ist ein ganz deutliches Perisperm vorhanden und auch bey *Vicia*, *Lathyrus* und *Pisum* verkennt man es nicht leicht, obschon es hier von geringem Durchmesser ist, und sich der Höhle der inneren Haut von seinem frühesten Erscheinen an genau anschlieſset.

§. 40.

Bau und Veränderungen des Perisperms.

Das Perisperm ist aus Zellen, die ein farbeloses körniges Wesen enthalten, zusammengesetzt und umschlieſset eine Höhle, die mit einem süſsen, klaren Wasser, Malpighi's *colliquamentum*, angefüllt ist. Mit Unrecht trennet daher Gärtner das *Amnios*, wenn es einen zelligen Bau hat, vom *sacculus colliquamenti*: denn beyde sind eines und dasselbe, nur in einem verschiedenen Zustande und in verschiedenem Alter und es läſst sich aus Malpighi's Worten darthun, daſs er beyde keinesweges auf diese Art unterschieden. Bey einigen Saamen nemlich und überhaupt bey seiner Entstehung ist das Perisperm dünn und einer häutigen Blase ähnlich; bey andern und im Fortgange seiner Entwicklung hat es einen gröſseren Durchmesser und eine fleischige Substanz, wobey seine Zellen oftmals, wie bey *Daphne* und *Euphorbia*, in horizontalen Reihen zusammenhängen und einen Gang der Säfte von auſsen nach innen zu verrathen scheinen. Im ersten Falle würde es Gärtners *sacculus colliquamenti*, im letzten dessen *Amnios* seyn .Dieser überall geschlossene zellige Sack des Perispermium wird in der Höhle des Eys erst nach der Befruchtung sichtbar, obgleich seine erste Entstehung in eine frühere

Periode zu fallen scheint. Am frühesten habe ich es in den Gattungen *Astragalus, Lupinus, Daphne, Euphorbia, Cucumis* wahrgenommen. Es hängt immer in einem gewissen Punkte mit der inneren Haut zusammen; dieser ist zuweilen diejenige seiner Extremitäten, wo der Embryo entsteht, zuweilen die entgegengesetzte. Im letzteren Falle ist die Verbindung mit der inneren Haut nicht unmittelbar, sondern bestehet durch einen zelligen Strang (Malpighi's *vas umbilicale*), welcher durch die Hohle derselben fortgeht, wie bey den *Pomaceis, Cucurbitaceis,* bey *Daphne, Linum* und andern. Dagegen geschieht im ersteren Falle die Adhäsion unmittelbar und ohne Vermittlung eines solchen Stranges, wie bey den *Papilionaceis, Malvaceis, Asperifoliis.* Eben so verschieden ist die Ausdehnung des Perisperms. Zuweilen hält sie mit der der Eyhöhle gleichen Schritt, wie bey *Lycopsis*: öfter aber eilet jene ihr voraus, so dafs zwischen beyde ein Raum bleibt, wie bey *Astragalus.*

Das Zellgewebe, aus welchem das Perisperm bestehet, ist von keinen Gefäfsen durchzogen und diese Abwesenheit der Gefäfse kann, in Verbindung mit dem übrigen zuvor geschilderten Bau, dazu dienen, Perisperm und innere Haut zu unterscheiden. Die Verschiedenheit des früheren von dem späteren Zustande des Perisperms ist daher allein in der verschiedenen Entwicklung der zelligen Substanz gegründet. Diese ist nemlich beym ersten Erscheinen des gedachten Organs unausgedehnt und einem blofsen Häutchen ähnlich. In der zweyten Periode, wo die Zellen von Säften strotzen, wird es weich und gallertartig und seine Höhle ist dann durch ein süfsliches Wasser erfüllt, welches eine Absonderung jener zelligen Substanz zu seyn scheint. Endlich setzet im dritten Zeitraume ein körniges Wesen in die Zellen sich ab, wobey das gallertartige Wasser sich nach und nach verzehrt. In eben dem Maafse aber entwickelt sich auch der Embryo, in dessen Cotyledonen ebenfalls eine nährende Substanz in körniger Gestalt deponirt wird und dieser Umstand bestimmt die verschiedene Entwicklungsart des Perisperms. Geschiehet nemlich die Ablagerung des körnigen Nahrungsstoffs vorzugsweise in dieses, so bleiben die Cotyledonen klein und das Perisperm bildet im reifenden Saamen einen bedeutenden Körper. Gehet aber diese Materie in die Cotyledonen zum gröſsten Theile über, so gewinnt das Perisperm nie eine beträchtliche Dicke, behält immer seine gallertartige Beschaffenheit und klebt bey der Reife dem inneren Integument an, so daſs es für die Beobachtung verschwindet. Wir kennen die Umstände nicht, unter welchen das eine oder das andere geschiehet, die Bedingungen, unter welchen der reifende Embryo entweder der Vormundschaft des Perisperms bedarf oder selber die nährende Materie für den künftigen Keimungsproceſs in sich aufnehmen kann. Gewiſs aber ist, daſs das erste bey dem bey weitem gröſsten Theile der Monocotyledonen gilt, da wir wenige unter ihnen antreffen, deren Perisperm nicht den bedeutendsten Theil des Kerns ausmachte.

§. 41.

Allgemeinheit des Perisperms.

Hieraus erhellet, daſs im reifen Saamen das Perispermium sich ganz anders verhalte, als im unreifen und daſs, wenn man über die Anwesenheit desselben ein Urtheil fällen will, man den Saamen zur Zeit seiner Entwicklung betrachten müsse. Dieses Organ ist dann in unzähligen Fällen vorhanden, wo man es nicht statuirt, weil es im Zustande der Reife unsichtbar geworden: ja wir haben sehr wenige Saamen kennen gelernt, wo man es in den früheren Entwicklungsperioden nicht fände. Sollte es demnach nicht ein allgemeines Organ seyn, welches, so gut wie innere und äuſsere Haut, den Entwicklungsproceſs des Embryo begleitet? Sollte in den wenigen Fällen, wo es wirklich fehlt, seine Stelle nicht durch etwas anderes ersetzet werden, wie z. B. bey *Ruppia*, *Zostera* durch den dicken Körper, welchen Gärtner *vitellus* nennt, bey

Potamogeton, Zannichellia durch das sehr verdickte Radikularende des Embryo? Die Natur, wo sie bey sonst ähnlichen Bildungen eines Organs nicht bedarf, pflegt es doch, wenn auch verkümmert, hinzustellen, gleich als könne sie das Schema nicht vergessen. Dieser Gedanke eines allgemeinen Vorkommens des Perisperms als einer wesentlichen Umhüllung des unentwickelten Embryo, nähert sich dadurch der Gewifsheit, dafs, wo man beym reifen Saamen kein solches findet, sich doch fast allemal von der Innenseite der inneren Haut, oder, wenn auch diese mit der äufseren verwachsen, des Integuments überhaupt, unter dem bewaffneten Auge eine Lamina trennen läfst, die ganz den Bau des Perisperms hat d. h. aus Zellen bestehet, welche nach keiner Richtung hin verlängert sind und die deutliche Spur eines körnigen Wesens enthalten, dergleichen man in den mehrentheils länglichen Zellen der inneren Haut nicht wahrnimmt.

Indem wir aber aus physiologischen Gründen die Allgemeinheit des Perisperms annehmen, ist wohl zu erinnern, dafs eine hievon ganz verschiedene Ansicht die des systematischen Naturforschers sey, der sich des Perisperms zur Characteristik einzelner Arten, Gattungen, Familien, Klassen bedienen will. Gärtner, indem er die Saamen in *albuminosa* und *exalbuminosa* eintheilte und dabey bemerkte, dafs jene den bey weitem gröfsten Theil ausmachen, verkannte dennoch nicht, dafs auch von den letzteren ein grofser Theil mit einem wirklichen Perisperm versehen sey: allein wegen seiner grofsen Zartheit glaubte er es hier übersehen zu müssen, indem »es besser sey, keines anzunehmen, als ein solches, welches nicht deutlich gesehen werden könne.« [1]). Aus diesem Grunde rechnet er zu den *seminibus exalbuminosis* nicht nur solche, bey denen sich wirklich nichts von einem Perisperm antreffen läfst, son-

1) Gärtner l. c. I. cxxxix.

sondern auch alle die, deren Perisperm in Gestalt einer dünnen, fleischigen Lamina dem inneren Integument angewachsen und demselben an Dicke gleich oder auch noch dünner ist, als z B. *Pyrus, Citrus, Amygdalus.* Und an einem andern Orte nennt er das Perisperm ein Organ von beschränktem Werthe, welches in der Praxis nur mit der gröfsten Vorsicht und nie für sich, sondern nur in Verbindung mit andern Theilen des Saamens, zur Charakteristik zu benutzen sey [1]). Diese vortrefflichen Grundsätze sind von den neuern Französischen Schriftstellern nicht beybehalten worden. Mirbel, indem er [2]) den Grundsatz aufstellt, dafs »jede zellige Umhüllung welche unmittelbar dem Embryo anliegt und keine deutlichen Umbilicalgefäfse hat, ein Perisperm sey, welchen geringen Durchmesser sie im Uebrigen haben möge« glaubt dadurch das Perisperm in weit mehr Fällen annehmen zu müssen, als Gärtner festgesetzet, den er beschuldiget, öfters eine innere Haut angenommen zu haben, wo ein wirkliches Perispermium sey. Allein bey diesem Grundsatze würde man, sofern vom reifen Saamen die Rede ist, sehr verschiedenartige Theile unter Perisperm zusammenfassen, wie denn Mirbel selber die innere Haut; welche den Embryo der *Mirabilis longiflora* von aufsen bekleidet und worin Gefäfse laufen, jenem Grundsatze zuwider, für ein äufseres Perisperm erklärt. Auf gleiche Weise beschränkt Richard [3]) das Perisperm nicht, wie Gärtner auf solche Fälle, wo dasselbe einen abgesonderten, ausgezeichneten Körper bildet: sondern indem er bemerkt, dafs es zuweilen in Gestalt einer dünnen Lamina dem allgemeinen Integument so sehr anklebe, dafs man es für dessen innere Wand halten könne, giebt er an, wie man es machen solle, um es dann für das, was es wirklich ist, anzuerkennen. Diese Operationen aber sind theils unsicher, wie z. B. dafs man die natürlichen Verwandtschaften berücksichtige; theils sind sie äufserst schwierig, wie die, dafs man die

---

1) L. c. II. XV. XVI. 2) *Anat. et Physiol. des Labiées.* 251. 3) *Du fruit.* 38 — 41.

innere Gränze des Integuments durch eine anatomische Untersuchung zu bestimmen versuche, welche Schwierigkeit es eben ist, was den Gärtnerschen Grundsatz rechtfertiget. Auch Correa de Serra ist der Meinung, daſs die Anomalien, welche nach Gärtner und Jussieu die An- oder Abwesenheit des Perisperms in der natürlichen Stellung der Gattungen veranlasset, sich zum Theil dadurch heben, daſs das Perisperm oft, wo es zu fehlen scheint, entweder sehr dünn ist, oder das innere Blatt der inneren Haut bildet [1]). Bey den noch zurückbleibenden Anomalien solle man untersuchen, ob das Perisperm von der nemlichen Natur sey wie der Embryo oder, wie bey den Gräsern, *Euphorbiacées*, *Nyctaginées*, von einer verschiedenen. Im ersteren Falle geschehe die Absorption des *liquor amnii* durch den werdenden Embryo auf eine einfache Weise, so nemlich, daſs blos das Uebermaaſs der nährenden Substanz im Perisperm zurückbleibe und dann sey dieses von geringem Werthe. Im zweyten Falle hingegen nähre sich der Embryo durch eine Decomposition der Amnios-Flüssigkeit, wovon ein Residuum als Perisperm zurückbleiben müsse: dann sey die Gegenwart des letzteren sehr wichtig und könne zur Charakteristik von natürlichen Pflanzengruppen benutzet werden. So vortrefflich und wahr dieser Gedanke im Allgemeinen ist, so groſse Schwierigkeiten wird es doch in der Wirklichkeit haben, zu bestimmen, ob in einem gewissen Falle der Embryo von homogener oder von heterogener Natur mit dem Perisperm sey, besonders da er selber wieder aus verschiedenen Theilen bestehet, von denen einige z. B. die Cotyledonen, der Natur des Perisperms verwandter sind. Indessen kann freylich nur der Versuch darüber entscheiden und bis dahin möchte es immer am rathsamsten seyn, bey den Gärtnerschen Grundsätzen zu bleiben. Denn ein anderer Gesichtspunkt ist der des Physiologen, ein anderer der des klassificirenden und absondernden Systematikers und,

1) *Sur la valeur du perisperme (Ann. du Mus. d'Hist. nat.* XVIII. 206.)

wenn in letzterer Hinsicht der Werth des Perisperms sehr zu beschränken, so kann in der ersteren nichts willkommner seyn, als wenn die möglichste Allgemeinheit desselben sich durch jedes Hülfsmittel der Sinne darthun läſst.

§. 42.

Bestimmung des Perisperms.

Die innere und äuſsere Haut des Eys sind Organe lebendiger Verrichtungen nur so lange die Entwicklung des Embryo in denselben dauert: nach dieser Periode sind es bloſse schützende Umhüllungen. Allein die Bestimmung des Perisperms, obschon sie gleich mit dem Sichtbarwerden dieses Organs eintritt, kann sich auch über den Zeitpunkt der Reife hinaus erstrecken. Dieser überall geschlossene, zellige Sack ist es, in welchem das junge Pflänzchen sich bildet und während dieses geschiehet, ist er mit einem Wasser erfüllt. Es ist sehr wahrscheinlich, daſs dieses zur Ernährung des Embryo diene, denn es ist bey den Hülsenfrüchten von süſsem Geschmacke, enthält also nährende Theile und es verzehret sich in dem Maaſse, als der Embryo sich entwickelt [1]). In diesem Falle kann daher das Geschäft des Perisperms kein anderes seyn, als eine vom Zellgewebe der inneren Haut abgesonderte Flüssigkeit in sich aufzunehmen und mehr verarbeitet d. i. zur Nahrung für den Embryo geschickter gemacht, als Flüssigkeit wieder von sich zu geben, damit dieser sie nun resorbire. Bey diesem Geschäfte des Aufnehmens und Wiedergebens kann dieses Organ selber nicht an Masse, nur an Umfang, zunehmen und es behält daher immer den Charakter eines bloſsen zelligen Sackes, wovon bey der Reife kaum noch etwas zu sehen ist. Allein in sehr vielen anderen Fällen scheinen Perisperm und Embryo von

1) »Das Pflänzchen verzehret die Amnionflüssigkeit, wovon es umgeben ist.« Malpighi l. c. 58.

so heterogener Natur zu seyn, daſs der letztere des Keims bedarf, um die von dem ersteren assimilirten Safte in sich aufnehmen zu können. Dann geht während der Saamenreife nur wenig vom Nahrungsstoffe des Perisperms zum Embryo über, der gröſste Theil bleibt bis zum Keimen im ersteren aufbewahrt. Wir wissen, daſs das mehlige Princip sich durch eine Säurung in Zucker verwandelt: durch eine Umkehrung dieses Processes also wird die süſse Nahrungsflüssigkeit des Eys ihre nährenden Theile als ein körniges Wesen in die Zellen des Perisperms absetzen, welcher Vorgang mit dem ersten Sichtbarwerden des Embryo in demselben seinen Anfang nimmt. In diesem Falle also kann das Geschäft des Perisperms nicht mit eingetretener Reife aufhören, sondern beym Keimen verwandelt der in körniger Gestalt niedergeschlagene Nahrungsstoff durch eine Umkehrung des obigen Processes sich wieder in eine süſse Flüssigkeit, welche vom Embryo aufgesogen wird. So z. B. sehen wir bey der Bereitung des Malzes d. i. beym Keimen der Gerste die mehlige Masse des Perisperms sich ganz verzehren, indem sie unter Einwirkung der Luft in einen süſsen Saft verwandelt worden. Mit Recht sagt daher Gärtner: »Das Albumen (Perispermium) leistet dem keimenden Embryo den nemlichen Nutzen, den das Hühnchen im Ey aus dem Eyweiſs ziehet [1]). Es wird dabey in seine ursprüngliche oder in eine ähnliche Flüssigkeit aufgelöset und von dem Keime ganz resorbirt [2]).« Ein Saame mit einem Perisperm ist daher gewissermaſsen als ein unreifer zu betrachten und so wenig ein solcher des Keimens fähig ist, eben so wenig ein Embryo, den man von seinem Perisperm entblöſset hat. Mirbel machte den Versuch, den Embryo von *Allium Cepa* unversehrt aus seinem Perisperm zu nehmen und in eine feine, leichte Erde zu legen, ohne Vernachläſsigung der die Entwicklung begünstigenden Maaſsregeln. Aber vergebens: der Keim welkte in kurzer Zeit und nie

1) *De fr. et sem.* I. CXXXVIII. 2) L. c. CXL.

erhielt er Pflanzen auf diesem Wege [1]). Aus dieser Entstehungsart des Perisperms als einer bedeutenden Zugabe des Embryo im reifen Saamen erklärt sich, warum diese schwerer keimen als andere, denen das Perisperm fehlet: sofern hier in den Cotyledonen zwar auch ein Nahrungsstoff angehäuft, der aber der Natur des übrigen Pflänzchens schon weit verwandter ist, als bey den ersteren. Es ist den Gärtnern bekannt, daſs die Ranunkeln, Doldengewächse, Paeonien, *Aconita*, *Cyperoideae*, Lilien, Palmen, bey denen wir ein, im Vergleich des Embryo sehr bedeutendes Perispermium antreffen, sehr schwer, und erst nachdem sie lange in der Erde gelegen, keimen. Indessen machen die Gräser eine Ausnahme, vermuthlich weil ihr Embryo nicht vom Perisperm umgeben, sondern seitswärts desselben gelegen ist. Uebrigens, obgleich das Perisperm den ganzen Embryo mehrentheils umgiebt, nimmt der Nahrungsstoff aus demselben doch nur die Verdauungsorgane des letzteren, wenn ich so sagen darf, nemlich durch die Saamenblätter, den Weg zu dessen übrigen Theilen. Bey *Melilotus caerulea W.* z. B. ist der gekrümmte Embryo von einem gallertartigen, ziemlich dicken Perisperm ganz umschlossen. Ich habe beym Keimen desselben bemerkt, daſs, so lange blos das Würzelchen sich verlängerte, im Perisperm, welches noch die Cotyledonen einschloſs, sich keine merkliche Veränderung zeigte. So wie aber diese sich zu entwickeln anfingen, wurde das Perisperm dünner, minder durchsichtig und verwandelte sich in ein schleimig-flockiges Wesen. Mich dünkt, dieses beweise deutlich, daſs, so wie das Würzelchen aus den Cotyledonen seine erste Nahrung ziehet, diese hinwiederum aus dem Perisperm erst die nährende Materie in sich aufnehmen.

---

1) *Sur la germination de l'oignon et de l'asperge* (*Ann. du Mus. d'Hist. n.* T. XIII.)

§. 43.

Erstes Erscheinen des Embryo.

Das Perisperm ist die eigentliche Geburtsstätte des Embryo: nur die Gräser machen eine Ausnahme, wo er sich außerhalb desselben bildet. Hier muſs demnach die innere Haut, welche unmittelbar das Perisperm umschlieſset, aber am Grunde, wo sie mit ihm verwachsen, einen Raum für die Entwicklung des Embryo frey läſst, die Stelle des Perisperms ersetzen. In allen übrigen Fällen hat dieses, von seinem ersten Ursprunge an, zu jenem Behufe eine Höhle, die, wie schon gedacht, sich im Fortgange der Entwicklung mit einem Wasser erfüllet. Diese Höhle ist, so lange das Perisperm noch ein weicher, zelliger Sack ist, von unbestimmter Form: allein indem es in einen starren Körper übergehet, nimmt sie, ehe der Embryo sie ausfüllet, die demselben angemessene Gestalt an. Welcher Vorgang von der Befruchtung unabhängig ist, wie das Beyspiel unbefruchteter Saamen lehrt, in denen man zuweilen ein Perisperm mit völlig ausgebildeter Höhle, doch ohne einen Embryo, findet. Was den Punkt betrifft, wo der Embryo sichtbar wird, so sagt Gärtner: »Der Embryo kömmt zuerst in derjenigen Gegend des Eys zum Vorschein, wo die letzten Endungen der Nabelgefäſse die innere Haut durchbohren und wo die Blase des *Sacculus colliquamenti* entspringt [1]).« Allein wenn der in vielen Pflanzeneyern z. B. von *Arctium, Cucumis, Daphne, Amygdalus, Linum* gegenwärtige Körper, den Malpighi *umbilicus* nennt, von den die Häute durchdringenden Nabelgefäſsen eine Fortsetzung ist, wie Gärtner mit Wahrscheinlichkeit vermuthet, so gilt jene Regel keinesweges: denn in diesem Falle kömmt der Embryo zuerst an der entgegengesetzten Seite des Perisperms zu Tage. Es ist indessen zu bemerken, daſs bey der weiteren Entwicklung des Perisperms

---

1) L. c. I. LXI.

die ursprüngliche, mittelst des **Malpighischen** *umbilicus* bestehende Verbindung desselben mit den übrigen Theilen des Eys sich auflöset und dagegen nun am entgegengesetzten Ende, in welchem der Embryo geboren wird, eine Adhäsion mit der inneren Haut entstehet. »Der Nabel, sagt **Malpighi**, indem er des Eys Zunahme beym Mandelbaume beschreibt [1]), welcher eine Fortsetzung der äufseren Häute *(exterior secundina)* ist, löset sich in seinem Befetigungspunkte *(in situ)* und an der Spitze, indem er (im andern Ende) die Blase des Schaafwassers *(vesicula colliquamenti)* oder des Amnios enthält, welche in den folgenden Tagen gröſser wird.« Richtiger sagt man daher, daſs der Embryo immer zuerst in derjenigen Gegend des Perisperms erscheine, wo dasselbe den Integumenten anhängt; es sey nun, daſs diese Verbindung eine ursprüngliche ist oder eine später entstandene. Diese Extremität ist zugleich die, wo sich im reifen Saamen das Radikularende des Embryo befindet: man könnte daher vermuthen, das Würzelchen sey das erste, was sich vom Embryo bildet. Allein die erste Erscheinungsart des Embryo ist ein rundes Kügelchen, an welchem durchaus keine Verlängerung, also weder Radikular- noch Cotyledonarende das Hervorstechende ist. So habe ich ihn daher bey *Linum*, *Scabiosa*, *Potamogeton*, *Arctium*, *Pisum*, *Lathyrus*, *Anthericum*, *Daphne* und andern angetroffen. Auch **Gärtner** sagt: »Beym ersten Sichtbarwerden des Embryo ist dessen Figur fast kugelförmig [2]).« Wenn er aber hinzusetzt: »Seine Consistenz ist dann weich und fast flüssig und seine Farbe mehrentheils weiſs:« so ist dieses nicht ganz mit der Natur übereinstimmend. Immer fand ich den Embryo schon beym ersten Entstehen von härtlicher Beschaffenheit, wenn er gleich dann nicht die Festigkeit hatte, wie bey vollendetem Wachsthum. Auch läſst sich nur von den Monocotyledonen behaupten, daſs der Embryo vom Sichtbarwerden an bis zur Reife

---

1) *De sem. generat.* 57. 2) L. c. I. LXI.

weiſs und farbelos sey: denn bey den Dicotyledonen kömmt er oft gleich vom Anfange an mit einer grünen Farbe vor z. B. bey den *Papilionaceis, Malvaceis, bey Linum, Tropaeolum* und andern. Dagegen habe ich ihn bey den *Cucurbitaceis, Compositis* immer nur weiſs gefunden. Der beym Ursprunge grüne Embryo aber nimmt öfters in der Folge, besonders wenn sich das mehlige Wesen in den Saamenblättern anhäuft, eine weiſse, oder doch sehr blasse Farbe an, welches namentlich bey den *Papilionaceis* z. B. *Pisum* der Fall ist: zuweilen indessen behält er seine grüne Färbung bis zur Reife, wie beym Lein.

§. 44.

Ernährung und Wachsthum des Embryo.

Nach Gärtner soll der Embryo in seinem frühesten Zustande völlig frey in der Flüssigkeit des Amnios schwimmen und durchaus keine Verbindung weder mit dem Ey, noch mit der Mutterpflanze haben [1]). Es ist wahr, diese Verbindung ist sehr zart, so daſs sie gemeiniglich bey den Operationen, wodurch man das Innere des Eys sichtbar macht, aufgehoben wird: allein bey einer oft und mit Sorgfalt wiederholten Untersuchung wird man gewahr, daſs die zarte Grundlage des Embryo mittelst eines kleinen, dem Anscheine nach zelligen, Stranges mit dem Perisperm zusammenhängt, welcher Strang, wenn Radikular- und Cotyledonarende sich auseinander gegeben, von der Extremität des ersteren ausgehet. So habe ich es daher gefunden bey *Potamogeton, Linum, Arctium, Sida, Ornithogalum* und es ist sehr wahrscheinlich, daſs dergleichen überhaupt im Pflanzeney Statt finde. Wo dieses Verbindungsorgan aber in einem vorzüglichen Grade entwickelt ist, wie bey manchen

1) L. c. I. LXI.

chen *Papilionaceis* und besonders bey *Tropaeolum*, siehet man deutlich, daſs dasselbe aus bloſsem Zellgewebe gebildet sey, ohne allen Beytritt von Gefäſssubstanz. Dessen ungeachtet würde ein Uebergang nährender Stoffe zum Embryo auf diesem Wege angenommen werden müssen, wenn wir fänden, daſs in eben dem Maaſse, als der Embryo sich ausdehnet, also das Bedürfniſs der Nahrung für ihn gröſser wird, auch jener zellige Strang sich erweiterte. Allein dieses ist keinesweges der Fall und wir müssen daher urtheilen, daſs der Embryo durch seine Oberfläche und besonders durch die seiner Cotyledonen den Nahrungsstoff einziehe und sich aneigne. Dieses ist es auch, was Malpighi das Wahrscheinlichste dünket. »Da das Pflänzchen, sagt er [1]), eines besondern Nabels entbehrt, wodurch die von auſsen kommende Nahrung ins Innere desselben dringen, und, in die einzelnen Theile verbreitet, dieselben ernähren und vergröſsern könne, hingegen in den meisten Fällen die Flüssigkeit unmittelbar den Raum zwischen den klaffenden Blättern erfüllet und dieselben berühret, so ist Grund vorhanden anzunehmen, daſs die ins Amnion durchgeseihete Flüssigkeit des Chorion durch eine Umkehrung des gewöhnlichen Nahrungsweges in die Blätter (Cotyledonen) des Pflänzchens und aus diesen in den Stengel und die Knospe geleitet werde.« Gleichwohl scheint es, daſs der Embryo, indem er wächst, sich auf beyden Seiten zugleich ausbilde und ich habe hierin keinen Vorzug des Cotyledonar- oder Radikular-Endes wahrnehmen können, denn sobald er z. B. bey den Dicotyledonen sich unten zuspitzet, bekömmt er zugleich oben den herzförmigen Ausschnitt, welcher die erste Entwicklung der Saamenblätter andeutet. Malpighi hat diese allmählige Ausbildung des Embryo einer vorzüglichen Aufmerksamkeit gewürdiget; er findet hiebey, daſs die Saamenblätter gemeiniglich von einander abstehen, jedoch auch zuweilen, wie z. B. *Ervum*, während ihrer

1) *De seminum generatione*. 62.

ganzen Entwicklungsperiode zusammengelegt sind, und daſs in eben dem Maaſse, als der Embryo sich ausbildet, die Flüssigkeit verzehrt wird, von welcher derselbe umgeben ist. Diese Ausbildung geschiehet sehr schnell, da durch die frühere Ausbildung der Umhüllungen gleichsam alles dazu vorbereitet ist und das Ende dieses Processes ist gekommen, der Saame ist reif, wenn seine Umhüllungen völlig saftleer geworden sind, und er die Höhle derselben aufs vollkommenste ausfüllet.

§. 45.

Aehnlichkeit der Entwicklung des thierischen und vegetabilischen Eys.

Aus dem bisherigen erhellet, daſs die Entstehung des Embryo und seiner Umhüllungen im Pflanzeney auf eine ganz ähnliche Weise vor sich gehe, wie im thierischen Körper: diejenigen Modificationen abgerechnet, welche die verschiedene Aeuſserung des thierischen und vegetabilischen Lebens überhaupt mit sich bringt. »Bey allen lebendiggebärenden Thieren, sagt Harvey [1]), finde ich im Uterus, ehe das Geringste vom Foetus zu unterscheiden ist, eine durchsichtige, dicke, weiſse Feuchtigkeit, gleich dem Eyweiſs, die in einer Haut eingeschlossen ist. Diese nenne ich das Ey derselben; bey den Hirschen, Damhirschen, Schaafen und übrigen zweyhufigen Thieren, erfüllt sie den ganzen Uterus und dessen beyde Hörner. Mit der Zeit sondert sich aus dieser Grundlage, diesem Ey ein wäſsriger Theil ab, welcher das Uebrige, von welchem er umgeben, an Klarheit und Durchsichtigkeit bey weitem übertrifft. Die Gestalt dieser Feuchtigkeit ist rund und sie ist in einer eigenen, sehr zarten und durchsichtigen Membran eingeschlossen, welche man Amnion nennet. Auch die erstgedachte dickere und trübere Flüssigkeit,

---

1) *Exercitationes de generatione animalium. Amstelod.* 1651. p. 532.

und sonach das ganze Ey, umgiebt von aufsen eine Haut, Chorion genannt, welche der vertieften (inneren) Oberfläche des Uterus anliegt und nach der verschiedenen Gestalt desselben eine verschiedene Bildung annimmt. Bald darnach kömmt in der krystallhellen Flüssigkeit das rothe *Punctum saliens* zum Vorschein, von welchem aus sich Venen mit ihren feinsten Aestchen strahlenförmig ausbreiten und hierauf der erste Umrifs des Körpers.« — »Das Chorion, setzt er an einem andern Orte hinzu [1]), ist beym Weibe mit seinem Untertheile dem Amnion verbunden und nicht leicht von demselben zu trennen. Bey den Thieren mit zwey Hufen ist es von beträchtlichem Umfange und enthält hundertmal mehr Flüssigkeit, als das Amnios: denn dieses ist an Gröfse anfänglich kaum einer Muskatennufs oder gröfseren Bohne gleich und befindet sich meistens nur in einem Horne der Gebärmutter und zwar demjenigen, welches der Frucht zum Aufenthalte dienet.« Vergleichen wir hiemit das Verhalten der inneren Haut und des Perisperms im Pflanzeney, so finden wir eine auffallende Aehnlichkeit zwischen jener und dem thierischen Chorion, so wie zwischen diesem und dem Amnion und es rechtfertigen sich die Benennungen, welche Malpighi diesen Theilen gegeben. Hiezu kömmt, dafs das Chorion der Thiere gleich der inneren Haut des Pflanzeneys von Gefäfsen durchzogen ist [2]), welche Gefäfse dagegen im Amnion noch streitig sind [3]) und bey den Schlangen daselbst ganz fehlen, während das Chorion voll davon ist [4]). Eben so sind die Umhüllungen des thierischen Eys vorhanden, ehe sich etwas vom Embryo zeigt; von denselben erweitert sich die äufsere vor der inneren und der Raum zwischen dieser und dem Embryo ist mit einem gallert-

1) L. c. 539.

2) *Halleri Elem. Physiol. c. h.* VIII. 187. *Harvaei Exerc. etc.* 539.

3) *Hall.* l. c. 191.

4) *H. Fabric ab Aquapendente de formato foetu* t. XXXIII. f. 4.

artigen Wasser erfüllt, welcher unstreitig zur Ernährung der Frucht dienet [1]). Auch bey den Thieren ist der Embryo in seinen ersten Anfängen, gleich dem der Pflanzen, punktförmig, wie ein Nadelknopf grofs [2]), obgleich die Masse des Amnion dann drey bis vier Unzen beträgt und der Umfang derselben den der Frucht um mehr als tausendmal übertrifft. Endlich wird vom thierischen Fötus ebenfalls zuerst das Centrum des Lebens gebildet, nemlich Gehirn, Rückenmark und Herz [3]): so wie vom Pflanzenembryo sich zuerst der Mittelpunkt zeigt, von welchem hernach Radikular- und Cotyledonar-Ende sich verlängern.

§. 46.

Verschiedene Consistenz und Ernährungsart des Thier- und Pflanzen-Embryo.

Bey diesen und mehreren anderen Uebereinstimmungen finden sich doch auch manche Unähnlichkeiten in dem beyderseitigen Bildungsprocesse. Ich rechne dahin nicht, dafs das vegetabilische Ey aufserhalb seiner inneren Gefäfshaut noch eine äufsere hat: denn auch im thierischen Ey ist das Chorion im früheren Zustande nicht nackend, sondern mit einem zottigen Wesen überzogen [4]), mittelst dessen es der Gebärmutter anklebt und Nahrung von ihr erhält; welche Zotten demnach augenscheinlich sich als einsaugende Werkzeuge verhalten gleich den horizontalen Schlauchreihen in der äufseren Haut des Pflanzeneys. Eben so gering scheint mir die Abweichung, dafs man beym Menschen zwischen dem Chorion nnd Amnion noch eine dritte gefäfslose Haut antrifft, welche Haller und Hoboken [5]) die mittlere *(membrana media)* nennen. Denn

1) *Hall.* l. c. 204 205.
2) *Hall.* l. c. 67. 70.
3) *Malpigh. de ov. incub.* 2. 3.
4) *Hall.* l. c. 62. 63.
5) *Anat. Secundinae hum. repetita.*

Denn ersterer gestehet selber [1]) daſs der Gedanke einiger, welche sie dem Amnios zuzählen, nicht ohne Grund sey; auch findet man sie nicht bey andern Säugthieren [2]). — Bedeutender aber ist, daſs der thierische Fötus auf eine doppelte Weise ernährt wird, nemlich einerseits durch den Nabel, andrerseits durch die Amnios-Flüssigkeit. Auf dem ersteren Wege geht offenbar eine consistentere Nahrung zu ihm über, nemlich bey den Säugthieren aus dem Mutterkuchen, bey den Vögeln aus dem Eyweiſs. Von dieser Ernährungsart könnte man bey den Pflanzen noch ein Analogon in dem zarten Strange finden, wodurch der Embryo am Radikularende wenigstens im frühesten Zustande mit seinen Umhüllungen zusammenhängt, wenn es nicht ziemlich gewiſs wäre, daſs derselbe unfähig sey, Nahrung fortzuleiten: weshalb denn für das zarte Pflänzchen nur die zweyte Ernährungsart, nemlich durch die Amnios-Flüssigkeit übrig bleibt. — Sodann ist das thierische Ey zuerst eine gestaltlose Gallert, da hingegen bey den Pflanzen sogleich die zellige Form hervortritt. Nach Harvey ist in der Gebärmutter der Hirschkühe während der ersten vier Wochen nach der Begattung nichts Materielles sichtbar [3]): dann aber zeiget sich eines der Hörner dieses Organs mit einer zähen, eyweiſsartigen Materie erfüllt, welches die Grundlage der Frucht ist [4]). Nach Haller ist im Uterus des Menschen und des Schaafes vor dem 19. oder 20. Tage nichts zu sehen [5]); dann erscheint zuerst in den Trompeten ein zäher, gallertartiger Schleim, worin sich nichts erkennen läſst, auch mit bewaffnetem Auge [6]), und dieses ist der erste Zustand der künftigen Frucht. Anders verhält es sich im Pflanzenreiche: hier sind die Umhüllungen des Embryo schon vor der Befruchtung vorhanden und die Form, unter welcher dieser, sowie der Embryo, zuerst

---

1) L. c. 189. 2) *Hobokeni Anat. Secundinae vitulinae* 42.
3) *Exerc. de gener. anim.* 441. 4) L. c. 443.
5) L. c. 60. 6) *Hall.* l. c. 58. 236.

erscheinen, ist die zellige. So wie daher die Zellenform überhaupt die ist, unter welcher neue Pflanzentheile entstehen, so auch hier: da hingegen im thierischen Organismus Kanäle für den Lauf der Säfte in einer bloſsen Gallerte ohne Dazwischenkunft der Zellenform sich bilden. Sonach ist das Unterscheidende in der Entwicklung der thierischen und der vegetabilischen Frucht kein anderes, als dasjenige, welches in der Verschiedenheit dieses beyderseitigen Lebens überhaupt gegründet ist.

Verbesserungen.

Seite 4 Zeile 2 und an mehreren Stellen, lies: nemlich statt nehmlich
— 7 — 22 lies: *Monoecie* statt *Munoecie*
— 10 — 11 — beym statt beim. Ueberhaupt lese man in den vier ersten Bogen immer bey statt bei, beyde statt beide; zwey, drey, statt zwei, drei, frey statt frei
— 35 — 27 lies: herzformigen statt harzformigen
— 39 — 24 — *Lycopsis* statt *Lycophis*
— 44 — 12 — zusammengelegten statt zusammengeengten
— 45 — 10 — Corolle statt Coralle
— — — 17 — und statt nur
— 50 — 3 — Arillus statt Anillus
— 57 — 13 — Sack statt Stock
— 58 — 4 Der Satz von »Nach dieser u. s. w« bis »verfolgen« ist durch Zufall hieher gekommen, und sollte zu Anfange des §. 27 stehen.
— 62 — 18 lies: blaſsgrünes statt bloſs grünes
— 74 — 10 »von« ist auszustreichen.
— 75 — 18 lies: *arctius* statt *anctius*
— 79 — 5 u. 6 lies: *sativum, sativus* statt *satirum satirus*
— 80 — 2 lies: *Lathyrus* statt *Lathiris*
— 92 — 1 — Keimens statt Keims
— — — 17 — wird statt worden
— 93 — 14 — durch statt nur

Minder bedeutende Fehler, Versetzungen einzelner Buchstaben u. dergl. wolle der geneigte Leser entschuldigen.

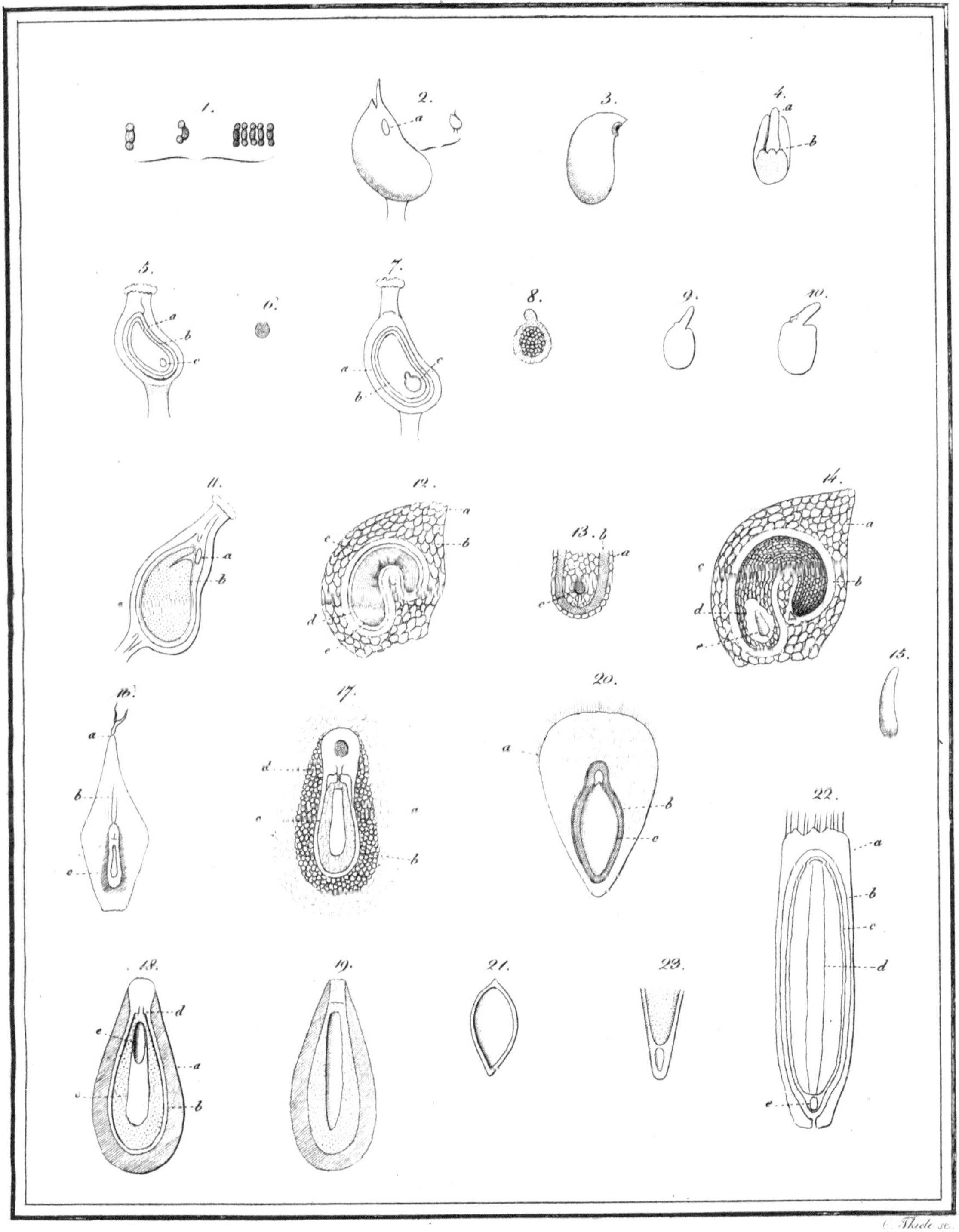

C. Thiele sc.

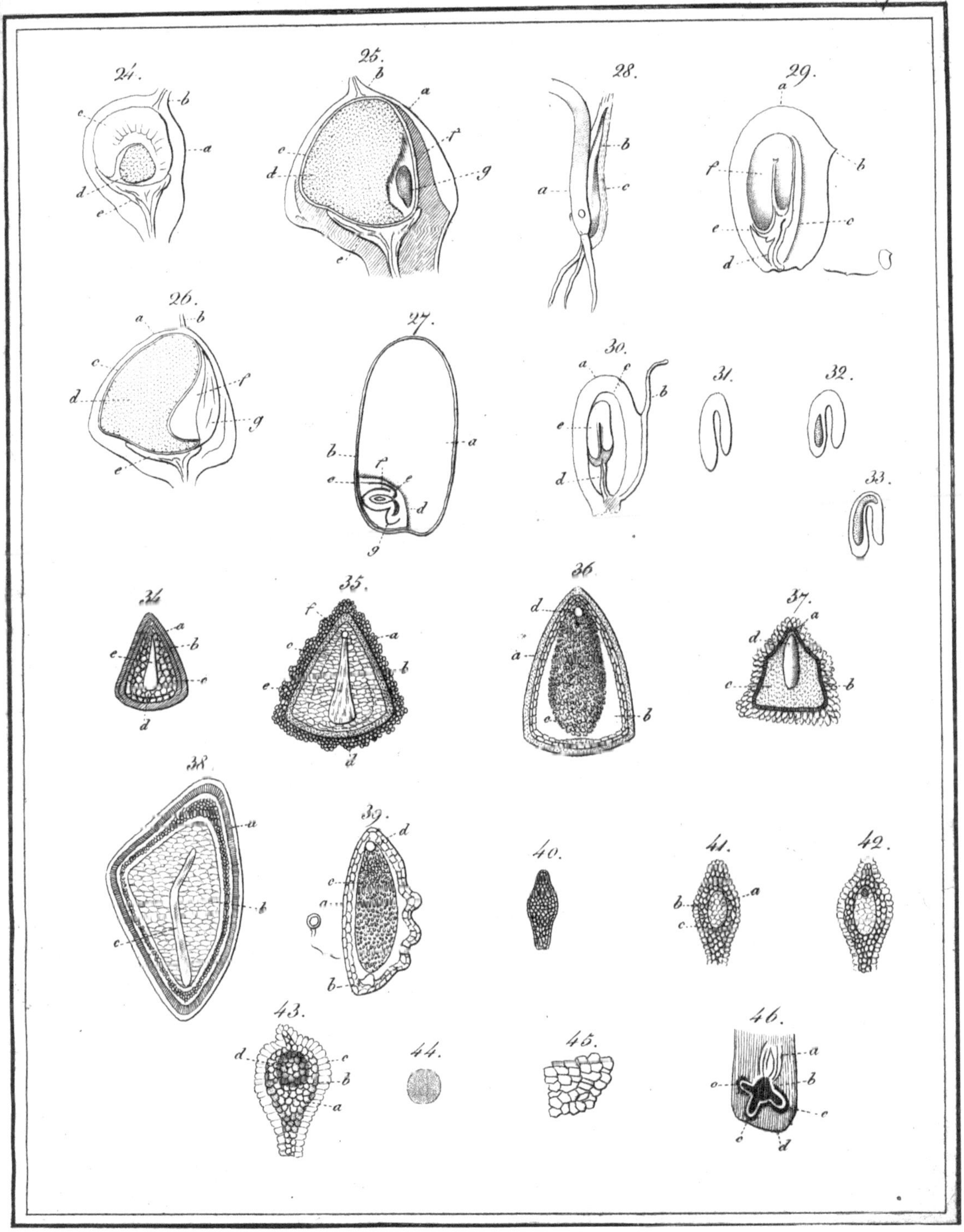
24.
25.
28.
29.
26.
27.
30.
31.
32.
33.
34
35.
36
37.
38
39.
40.
41.
42.
43.
44.
45.
46.

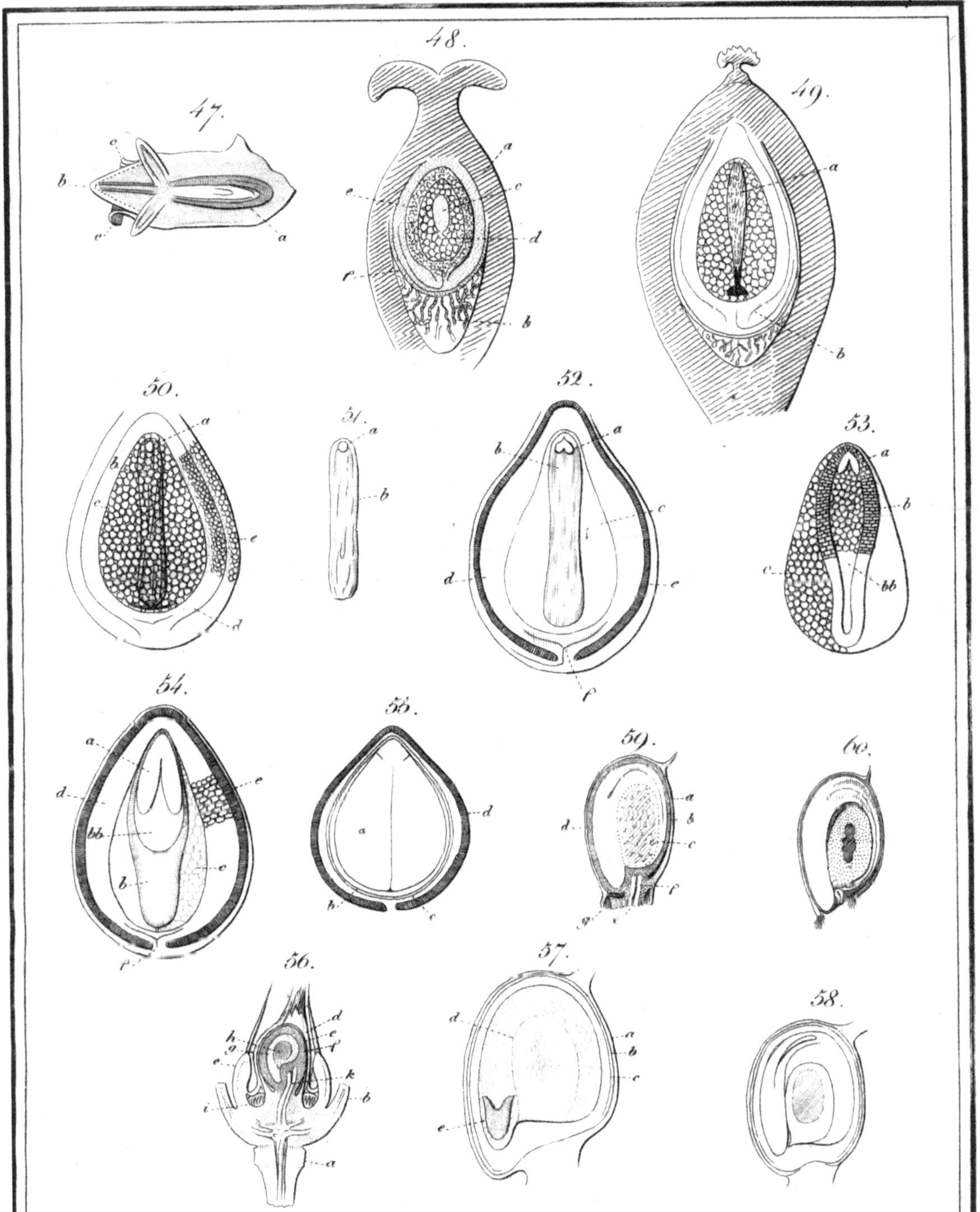
47.
48.
49.
50.
51.
52.
53.
54.
55.
59.
60.
56.
57.
58.

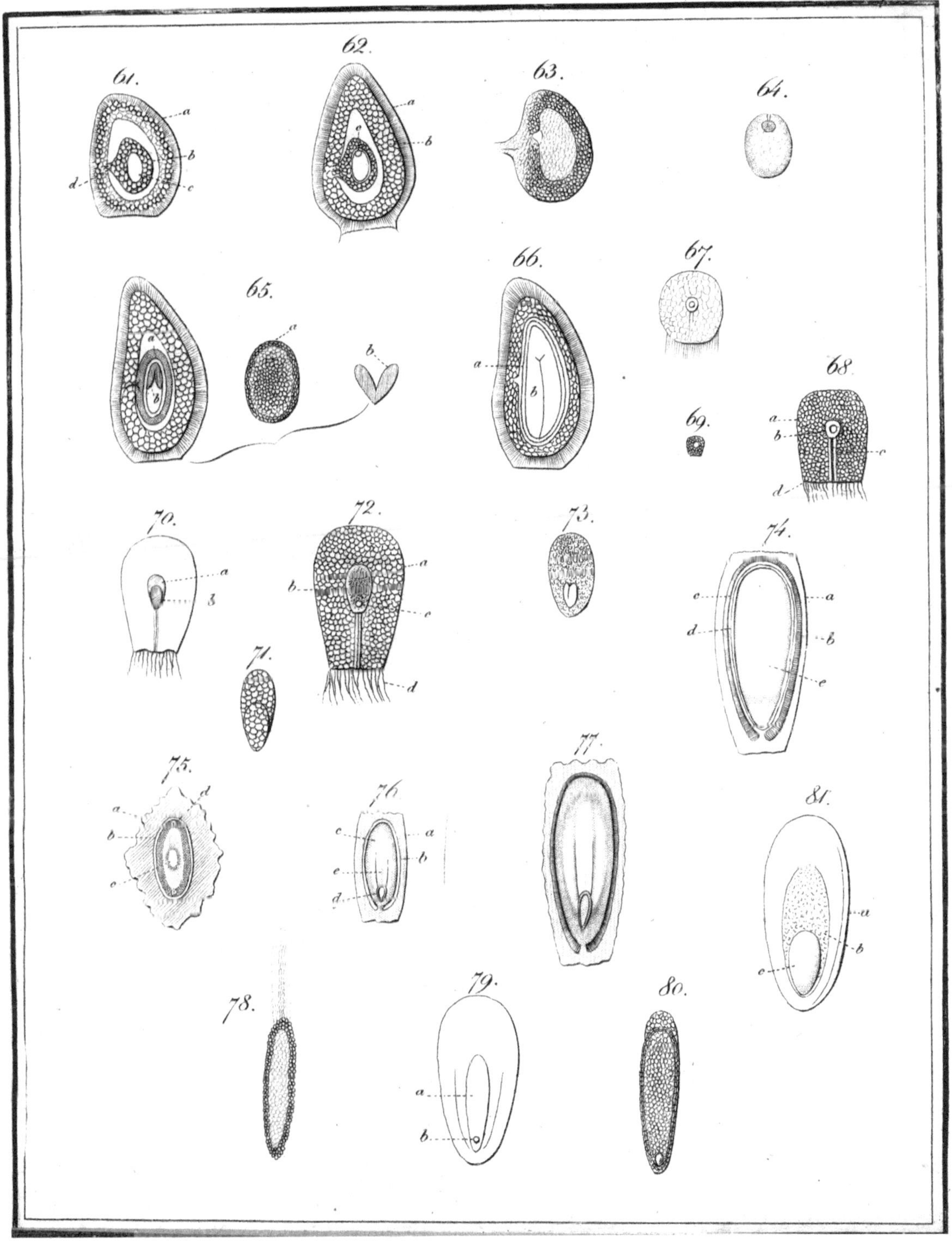

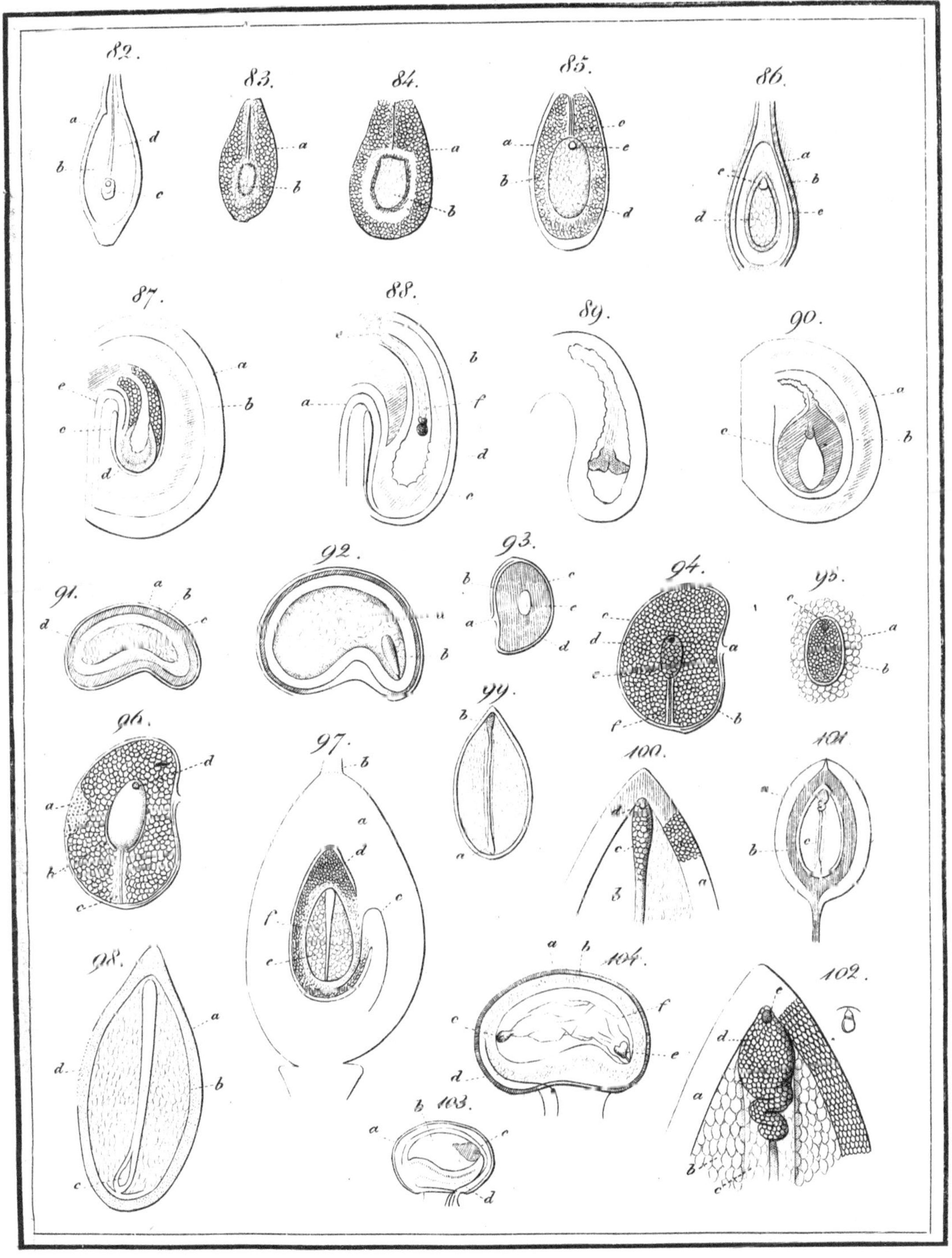
82.
83.
84.
85.
86.
87.
88.
89.
90.
91.
92.
93.
94.
95.
96.
97.
98.
99.
100.
101.
102.
103.
104.

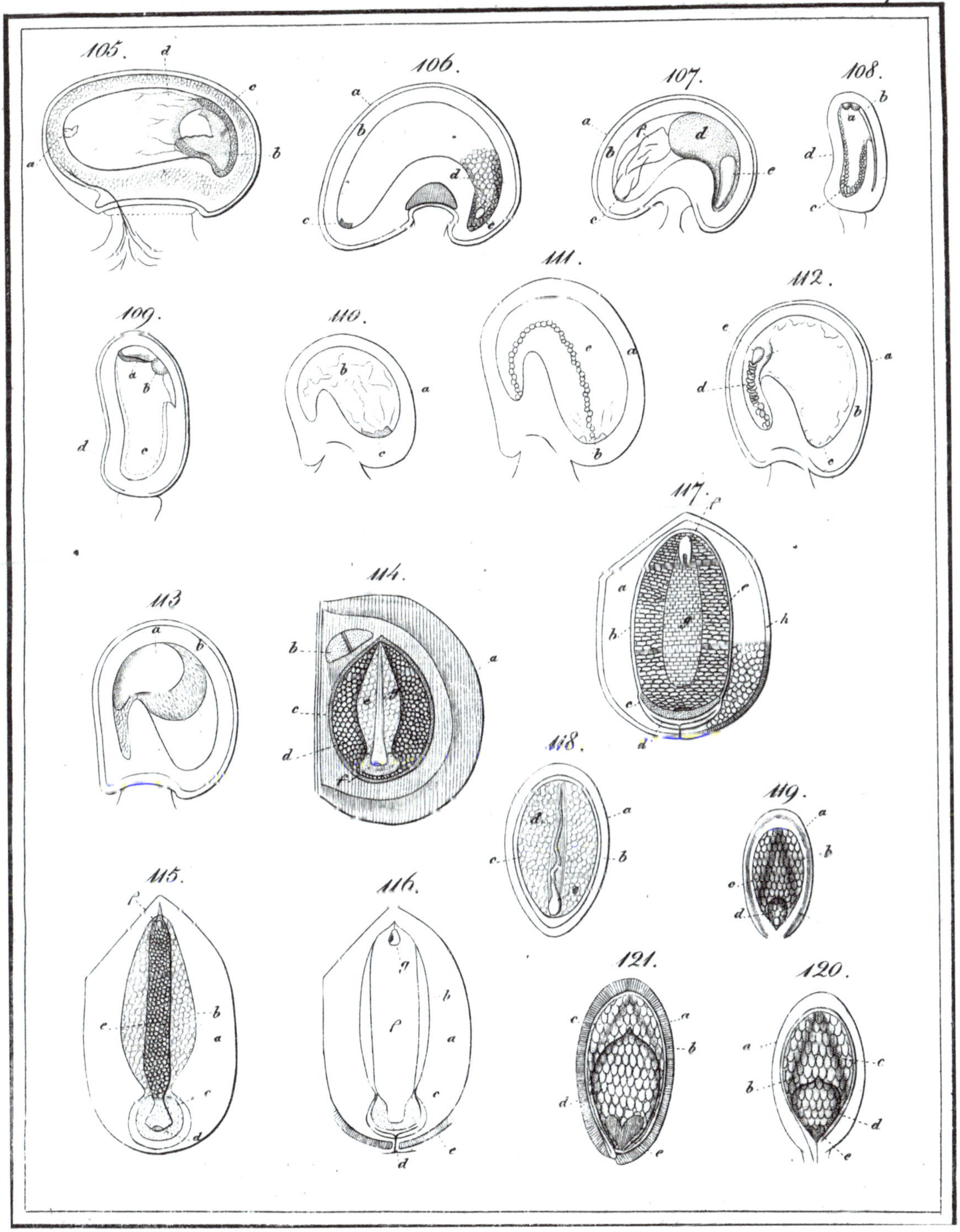
105.
106.
107.
108.
109.
110.
111.
112.
113
114.
117.
118.
119.
115.
116.
121.
120.

FSC
www.fsc.org
MIX
Papier | Fördert gute Waldnutzung
FSC® C083411

Kolibri 360 GmbH
Ferdinand-Jühlke-Straße 7
99095 Erfurt, Deutschland
produktsicherheit@kolibri360.de